本书由以下项目资助

国家自然科学基金重大研究计划“黑河流域生态-水文过程集成研究”重点支持项目
“黑河流域水-生态-经济系统的集成模拟与预测”（91425303）
国家杰出青年科学基金“自然-经济系统水资源评价理论与方法”（41625001）

“十三五”国家重点出版物出版规划项目

黑河流域生态-水文过程集成研究

蓝绿水-虚拟水转化理论与应用：

以黑河流域为例

刘俊国　冒甘泉　张信信　钟　锐　著

科学出版社　龍門書局

北　京

内 容 简 介

本书在集成黑河流域研究成果基础上，构建蓝绿水-虚拟水转化理论，综合运用野外调查、实验观测、统计数据、水文模拟和投入产出经济模型等多种手段，形成蓝绿水-虚拟水转化研究的理论框架和方法体系。在野外调查和实验观测数据基础上，利用水文模型模拟黑河流域蓝绿水时空分布特征及转化规律；结合统计数据、水文模型和投入产出经济模型，构建水-经济耦合模型，发展一种可以定量评价实体水与虚拟水转化的理论方法，揭示黑河流域产业间以及流域上中下游之间的实体水与虚拟水转化规律；采用水-经济耦合模型，揭示技术进步和产业结构调整对于黑河流域节水型社会的重要贡献；最后对黑河流域水资源管理提出政策建议。本书可为保障黑河流域水安全、生态安全以及社会经济可持续发展提供理论基础和科技支撑。

本书可供水文水资源、生态、环境、农业、经济等领域科技工作者、大专院校师生和水资源管理者阅读。

图书在版编目(CIP)数据

蓝绿水-虚拟水转化理论与应用：以黑河流域为例／刘俊国等著.
—北京：龙门书局，2020.6

(黑河流域生态-水文过程集成研究)

“十三五”国家重点出版物出版规划项目　国家出版基金项目

ISBN 978-7-5088-5781-7

Ⅰ.①蓝…　Ⅱ.①刘…　Ⅲ.①黑河-流域-水资源管理-研究
Ⅳ.①TV213.4

中国版本图书馆 CIP 数据核字（2020）第 087593 号

责任编辑：李晓娟　王勤勤／责任校对：樊雅琼

责任印制：肖　兴／封面设计：黄华斌

科学出版社 龍門書局 出版

北京东黄城根北街 16 号

邮政编码：100717

http://www.sciencep.com

中国科学院印刷厂 印刷

科学出版社发行　各地新华书店经销

*

2020 年 6 月第　一　版　开本：787×1092　1/16

2020 年 6 月第一次印刷　印张：8 1/4　　插页：2

字数：200 000

定价：118.00 元

（如有印装质量问题，我社负责调换）

《黑河流域生态-水文过程集成研究》编委会

《蓝绿水-虚拟水转化理论与应用：以黑河流域为例》
撰写委员会

主　笔　刘俊国

成　员　冒甘泉　张信信　钟　锐

总　　序

20 世纪后半叶以来，陆地表层系统研究成为地球系统中重要的研究领域。流域是自然界的基本单元，又具有陆地表层系统所有的复杂性，是适合开展陆地表层地球系统科学实践的绝佳单元，流域科学是流域尺度上的地球系统科学。流域内，水是主线。水资源短缺所引发的生产、生活和生态等问题引起国际社会的高度重视；与此同时，以流域为研究对象的流域科学也日益受到关注，研究的重点逐渐转向以流域为单元的生态–水文过程集成研究。

我国的内陆河流域占全国陆地面积 1/3，集中分布在西北干旱区。水资源短缺、生态环境恶化问题日益严峻，引起政府和学术界的极大关注。十几年来，国家先后投入巨资进行生态环境治理，缓解经济社会发展的水资源需求与生态环境保护间日益激化的矛盾。水资源是联系经济发展和生态环境建设的纽带，理解水资源问题是解决水与生态之间矛盾的核心。面对区域发展对科学的需求和学科自身发展的需要，开展内陆河流域生态–水文过程集成研究，旨在从水–生态–经济的角度为管好水、用好水提供科学依据。

国家自然科学基金重大研究计划，是为了利于集成不同学科背景、不同学术思想和不同层次的项目，形成具有统一目标的项目群，给予相对长期的资助；重大研究计划坚持在顶层设计下自由申请，针对核心科学问题，以提高我国基础研究在具有重要科学意义的研究方向上的自主创新、源头创新能力。流域生态–水文过程集成研究面临认识复杂系统、实现尺度转换和模拟人–自然系统协同演进等困难，这些困难的核心是方法论的困难。为了解决这些困难，更好地理解和预测流域复杂系统的行为，同时服务于流域可持续发展，国家自然科学基金 2010 年度重大研究计划“黑河流域生态–水文过程集成研究”（以下简称黑河计划）启动，执行期为 2011~2018 年。

该重大研究计划以我国黑河流域为典型研究区，从系统论思维角度出发，探讨我国干旱区内陆河流域生态–水–经济的相互联系。通过黑河计划集成研究，建立我国内陆河流域科学观测–试验、数据–模拟研究平台，认识内陆河流域生态系统与水文系统相互作用的过程和机理，提高内陆河流域水–生态–经济系统演变的综合分析与预测预报能力，为国家内陆河流域水安全、生态安全以及经济的可持续发展提供基础理论和科技支撑，形成干旱区内陆河流域研究的方法、技术体系，使我国流域生态水文研究进入国际先进行列。

为实现上述科学目标，黑河计划集中多学科的队伍和研究手段，建立了联结观测、试验、模拟、情景分析以及决策支持等科学研究各个环节的“以水为中心的过程模拟集成研究平台”。该平台以流域为单元，以生态–水文过程的分布式模拟为核心，重视生态、大气、水文及人文等过程特征尺度的数据转换和同化以及不确定性问题的处理。按模型驱动数据集、参数数据集及验证数据集建设的要求，布设野外地面观测和遥感观测，开展典型流域的地空同步实验。依托该平台，围绕以下四个方面的核心科学问题开展交叉研究：①干旱环境下植物水分利用效率及其对水分胁迫的适应机制；②地表–地下水相互作用机理及其生态水文效应；③不同尺度生态–水文过程机理与尺度转换方法；④气候变化和人类活动影响下流域生态–水文过程的响应机制。

黑河计划强化顶层设计，突出集成特点；在充分发挥指导专家组作用的基础上特邀项目跟踪专家，实施过程管理；建立数据平台，推动数据共享；对有创新苗头的项目和关键项目给予延续资助，培养新的生长点；重视学术交流，开展“国际集成”。完成的项目，涵盖了地球科学的地理学、地质学、地球化学、大气科学以及生命科学的植物学、生态学、微生物学、分子生物学等学科与研究领域，充分体现了重大研究计划多学科、交叉与融合的协同攻关特色。

经过连续八年的攻关，黑河计划在生态水文观测科学数据、流域生态–水文过程耦合机理、地表水–地下水耦合模型、植物对水分胁迫的适应机制、绿洲系统的水资源利用效率、荒漠植被的生态需水及气候变化和人类活动对水资源演变的影响机制等方面，都取得了突破性的进展，正在搭起整体和还原方法之间的桥梁，构建起一个兼顾硬集成和软集成，既考虑自然系统又考虑人文系统，并在实践上可操作的研究方法体系，同时产出了一批国际瞩目的研究成果，在国际同行中产生了较大的影响。

该系列丛书就是在这些成果的基础上，进一步集成、凝练、提升形成的。

作为地学领域中第一个内陆河方面的国家自然科学基金重大研究计划，黑河计划不仅培育了一支致力于中国内陆河流域环境和生态科学研究队伍，取得了丰硕的科研成果，也探索出了与这一新型科研组织形式相适应的管理模式。这要感谢黑河计划各项目组、科学指导与评估专家组及为此付出辛勤劳动的管理团队。在此，谨向他们表示诚挚的谢意！

2018年9月

前　　言

水资源是不可或缺的重要自然资源，维系着人类生存、生态环境健康以及社会经济可持续发展。随着人口增长和城市化进程加快，人类对水资源需求大幅度增长，水生态系统退化加剧，使得水资源保护成为世界各国高度重视的任务。在我国，长期对水资源不合理的开发利用，已经导致一系列水资源、水环境和水生态问题。不合理的生产方式和经济结构在很大程度上导致流域水资源短缺、产业间用水竞争加剧以及跨流域用水矛盾激化。黑河流域是我国第二大内陆河流域，位于我国西北干旱地区，具有典型的干旱区内陆河流域特征。在气候变化和人类活动的双重影响下，流域内出现了不同程度的生态环境问题。黑河流域上游冰川退缩，下游土地荒漠化、盐碱化，绿洲萎缩等问题严重影响了流域水安全、生态安全以及社会经济可持续发展，引起了国际社会、各级政府和科学家的广泛关注。因此，实现流域水资源高效利用，需要深刻理解水资源时空格局、社会经济活动对水资源消耗的影响以及水资源利用的产业关联效应。

从水源地被提取到用于生产活动，水资源经历了由实体水向虚拟水的转变过程。传统的流域水资源研究多关注实体的蓝水资源（地表水和地下水），但较少关注实体的绿水资源（土壤水）和虚拟水。当前尤其缺乏蓝绿水–虚拟水转化关系的研究。虚拟水指在生产产品和服务中所需要的水资源量，即凝结在产品和服务中的虚拟水量。虚拟水战略为缓解水资源短缺提供了新思路，对于保护区域水资源，实现区域社会经济与生态系统的协同发展具有重要意义。

在国家自然科学基金重大研究计划项目“黑河流域生态–水文过程集成研究”（简称“黑河计划”）和国家杰出青年科学基金等项目的支持下，项目组在集成“黑河计划”已有研究成果的基础上，开展大量数据收集、实验观测、模型开发与耦合研究，基于分布式地表水–地下水耦合模型 GSFLOW，分析黑河流域蓝绿水时空分布特征及转化规律，探究不同生态系统之间蓝绿水流动规律；结合统计数据、水文模型和投入产出经济模型，构建水–经济耦合模型，发展一种可以定量评价实体水与虚拟水转化的理论方法，揭示黑河流域产业间以及流域上中下游之间的实体水与虚拟水转化规律；采用水-经济耦合模型，揭示技术进步和产业结构调整对于黑河流域节水型社会的重要贡献，阐明近年来产品出口的增长是导致黑河流域水资源消耗难以减少的重要原因，明确“节水型社会建设不仅需要关注技术节水，还需要关注贸易结构调整”的观点。研究结果加深了对蓝水、绿水和虚拟水相互转化规律的科学认识，并为实施最严格水资源管理，以保障黑河流域水安全、生态安全以及社会经济可持续发展提供了理论基础和科技支撑。

本书共7章。第1章简要介绍研究背景以及蓝绿水与虚拟水的内涵和作用，综述蓝绿水与虚拟水核算以及蓝绿水-虚拟水转化方面的研究进展。第2章介绍研究区黑河流域的自然地理、社会经济、水资源和生态环境状况。第3章阐述蓝绿水与虚拟水核算方法以及蓝绿水-虚拟水转化理论及方法体系。第4章详细分析2001～2012年黑河流域中下游蓝绿水资源时空分布格局、蓝绿水资源流动规律及自然生态系统与人类生态系统的动态用水竞争规律。第5章分别从区县和流域尺度分析研究区域内蓝绿水-虚拟水转化规律，包括甘州区、临泽县和高台县（简称甘临高）内部及其与外部的蓝绿水-虚拟水转化规律，以及流域上中下游的蓝绿水-虚拟水转化规律。第6章应用虚拟水理论和水-经济耦合模型，评估我国实施的节水型社会政策对黑河流域各产业部门水资源消耗的影响，阐释黑河流域在节水型社会政策实施后的水资源耗水的反弹效应。第7章在黑河流域蓝绿水-虚拟水转化研究的基础上，提出流域水资源综合管理政策与建议。

在前期研究和本书撰写过程中，作者得到了南方科技大学郑春苗、郑一、田勇、韩峰、孟莹、张果以及中国科学院寒区旱区环境与工程研究所李新、中国科学院地理科学与资源研究所邓祥征、瑞士联邦水科学与技术研究所杨红、河海大学赵旭等学者的帮助和支持，特此感谢！同时感谢国家自然科学基金重大研究计划项目“黑河流域生态-水文过程集成研究”专家组成员在项目实施过程以及本书撰写过程中提出的建设性意见。

蓝绿水-虚拟水转化研究涉及多个学科和研究领域，由于作者水平有限，书中不足之处在所难免，恳请读者批评指正。

作　者

2020年3月1日

目　　录

第1章　绪　论

1.1 研究背景

水资源是人类赖以生存的重要保障，也是维系生态系统健康必不可少的基础资源。尽管水资源具有可再生的属性，但也不是取之不尽用之不竭的。随着人口增长、城市化进程加快和经济活动高速增长，人类对水资源的需求大幅度增加，各产业用水竞争激烈，使得水资源逐步成为一种稀缺资源。同时，水资源不合理的开发利用，已导致饮用水安全、河流污染、水生态系统破坏等一系列生态环境问题，严重阻碍了全球许多地区的可持续发展进程。目前，水资源已经成为影响全球经济与社会可持续发展的关键要素，而水资源保护也已成为世界各国高度重视的一项任务。

中国水资源短缺问题突出。为了保障国家水安全，我国2011年中央一号文件和中央水利工作会议明确要求实行最严格水资源管理制度，确立水资源开发利用控制、用水效率控制和水功能区限制纳污“三条红线”，从制度上推动经济社会发展与水资源水环境承载能力相适应。2012年国务院发布了《国务院关于实行最严格水资源管理制度的意见》，对实行最严格的水资源管理制度工作进行全面部署和具体安排。2015年国务院发布了《水污染防治行动计划》，进一步明确指出要着力节约保护水资源。

传统的水资源评价主要以地表水和地下水为研究对象。20世纪90年代，Falkenmark（1995）首次将水资源分为蓝水（blue water）（地表水和地下水）和绿水（green water）（土壤水），引发了科学界对水资源概念和水资源评价的重新思考。科学界逐步意识到传统的水资源管理，仅以蓝水资源为对象忽略了绿水资源量，低估了水资源可用性，难以满足流域社会经济发展对水资源的可持续利用需求。根据Rockström等（2009a）的预测，随着人口增长和社会发展，如果只考虑蓝水资源，2050年全球59%的人口将面临水短缺，但如果将绿水资源考虑在内，人口面临水短缺的比例则会降至36%左右。在机理层面，以蓝水资源为研究对象的水资源评价与管理，较少考虑水循环传输通道上潜在的绿水资源，割裂了蓝绿水的内在关联，难以完整地反映流域水资源的真实情况，实际上是狭义的水资源管理，而非实质意义上的流域综合管理（Falkenmark and Rockström，2013）。蓝绿水概念的提出将水资源的研究范畴逐渐从传统的蓝水资源拓展到兼顾蓝绿水，拓宽了水资源的内涵，得到了水文学家、环境学家、生态学家、农学家及诸多国际机构的广泛关注（Falkenmark and

Rockström，2006）。综合考虑蓝水和绿水的广义水资源评价逐渐在学术界得到认可并发展起来，这对于区域（尤其是在干旱半干旱地区）水资源保护具有重要的现实意义。

实体水由蓝水资源和绿水资源组成（Falkenmark and Rockström，2006）。虚拟水（virtual water）的概念是 Allan 在 20 世纪 90 年代提出的，虚拟水是指商品生产过程中所用到的水，是一种隐含在产品中“看不见”的水资源。社会经济系统中水资源的利用与产业用水结构之间存在密切联系。产品在从生产到消费过程中，伴随着水资源从实体水到虚拟水的转化过程。随着社会经济发展，水资源与社会经济发展之间的相互作用关系发生了深刻变化（Oki and Kanae，2006）。此外，不合理的流域生产方式和经济结构在很大程度上导致流域水资源短缺、产业间用水竞争加剧以及跨流域用水矛盾激化。尤其对于水资源短缺地区，经济全球化带来的产品的自由竞争和经济发展的不均衡，进一步加剧了该地区的用水供需矛盾。例如，“南水北调”工程中线每年可向北方输送到 95 亿 m^3 以上的水资源。然而，华北平原和东北平原是我国最大的两个“粮仓”，我国 2008 年从北方运送到南方粮食中所包含的虚拟水量已达到 500 亿 m^3 以上（吴普特等，2010）。由此看来，研究经济活动对流域水资源消耗的影响以及水资源利用的产业关联效应对于水资源保护具有重要的科研价值和现实意义。虚拟水概念提出的初衷是缓解贫水国家或区域水资源短缺问题，为水资源管理提供新的思路。对于缺水国家来说，通过进口虚拟水缓解当地水资源危机是非常有吸引力的选择，因为这一方式克服了实体水调水路途遥远、成本巨大、缺乏生态安全等缺点，相当于利用贸易的手段完成了水资源的二次调配。虚拟水反映的是水资源在经济社会系统中的效用与本质，是一种通过社会化管理来缓解水资源短缺问题的新措施，深入研究经济系统中实体水与虚拟水转化，能够为保护区域水资源，实施产业结构调整和实现水资源高效利用，进而实现区域社会经济与生态系统的协同发展提供重要的理论指导和科技支撑（吴普特等，2016）。

我国 2016 年发布的《中华人民共和国国民经济和社会发展第十三个五年规划纲要》强调，落实最严格的水资源管理制度，实施全民节水行动计划。坚持以水定产、以水定城，对水资源短缺地区实行更严格的产业准入、取用水定额控制。为贯彻落实《中华人民共和国国民经济和社会发展第十三个五年规划纲要》的部署，大力推进农业现代化，国务院编制了《全国农业现代化规划（2016—2020 年）》，提出“促进区域农业规划统筹发展”，指出要“优化发展区”，即“对水土资源匹配较好的区域，提升重要农产品生产能力”，以及“节约高效用水”，即“在西北、华北等地区推广耐旱品种和节水保墒技术，限制高耗水农作物种植面积”，通过实体水与虚拟水的转化关系实现水资源高效率用与《全国农业现代化规划（2016—2020 年）》的指导思想相契合，对我国的国民经济和社会发展具有重要的现实意义。

蓝绿水资源研究已经成为水资源领域的研究前沿和热点（程国栋和赵文智，2006），如何定量评估蓝水和绿水资源量是水资源研究中最基础、最主要的问题之一。但目前水资源研究更多的是关注实体水（蓝水与绿水）的利用，或者关注区域间的虚拟水贸易关系，而对产业间以及区域间的实体水和虚拟水之间的转化关系研究还非常欠缺（Yang et al., 2006）。在我国干旱区内陆河流域，人们对流域或区域水循环的认识同样是以蓝水为主，而对流域生态系统和对人类极其重要的绿水却了解甚少，实体水和虚拟水之间的转化研究不充分（Yang et al., 2006）。

黑河流域是我国典型的干旱区内陆河流域，具有干旱区内陆河流域的典型特征。黑河流域水资源保护目前面临的最大问题是中游农业生产过程中消耗了大量的实体水资源，大量挤占了下游生态需水量，导致下游一系列生态问题。例如，黑河下游居延海干枯，下游地区荒漠化严重，并成为沙尘暴的主要策源地，形成了波及中国北方甚至东亚地区的强大沙尘暴，引起了中国政府的高度重视和国内外社会各界的广泛关注。因此，本书拟选择干旱区黑河流域为研究对象，综合考虑蓝水、绿水和虚拟水，揭示实体水-虚拟水转化规律，为实现水资源高效利用，保障黑河流域水安全、经济可持续发展和生态安全提供理论依据和数据支撑。

1.2　蓝绿水与虚拟水的内涵和作用

1.2.1　蓝绿水的内涵和作用

1. 蓝绿水的内涵

水是地球关键带（critical zone）中地表环境的重要组成部分。一般意义上来说，水资源是指水循环中能够被人类社会直接利用的淡水资源，主要来源于大气降水，其存在形式主要为地表水、地下水和土壤水，水资源会随水文循环逐年更新（程国栋和赵文智，2006）。传统水资源评价对象仅仅包括可见的且可以被人类直接利用的地表水和地下水。然而从全球水循环的角度来看，全球尺度上仅有35%的降水储存于河流、湖泊以及含水层中，成为蓝水，65%的降水通过森林、草地、湿地、农田的蒸散返回到大气中，以绿水的形式参与水循环（程国栋和赵文智，2006）。蓝绿水的概念在20世纪90年代中期由瑞典水文学家Falkenmark提出，将传统的水资源划分为蓝水和绿水是为了能够更准确地评价半湿润半干旱地区水资源状况对农业的影响，解决雨养农业和粮食安全问题（Falkenmark, 1995）。通常蓝水和绿水的概念是从水资源储量的层面来定义的，蓝水是指储存在江、河、湖泊及含水层中的看得见的自由液态水；绿水是指储存在非饱和土壤中供植被蒸发蒸腾的那部分水资源。蓝水使用后分为两部分，一部分消耗成为水蒸气进入大气，不再适合人类使用；另一部分回流进入生态系统，但经常会携带大量的污染物。绿水还可以分为生产性绿水和非生产性绿水。生产性绿水指在森林、草地、沼泽和雨养农田等地方通过响应植物蒸腾作用所消耗的土壤水，该部分水资源直接参与植被生理过程，因此也被称为“高效绿水”；非生产性绿水包括降水截留和土壤蒸发，该部分水资源没有直接参与植被生理过程，因此也被称为“低效绿水”（Rockström and Gordon，2001）。从物质和通量的层面来看，与蓝水和绿水相对应的是蓝水流和绿水流（Falkenmark and Rockström，2006）。蓝水流可以分成地表径流、壤中流（坡向流）、地下径流三部分，绿水流则是指地表下垫面，包括农田、湿地、水面蒸发、植被截流等，通过蒸散发形式返回大气的水汽，即实际蒸散发（图 1-1）。

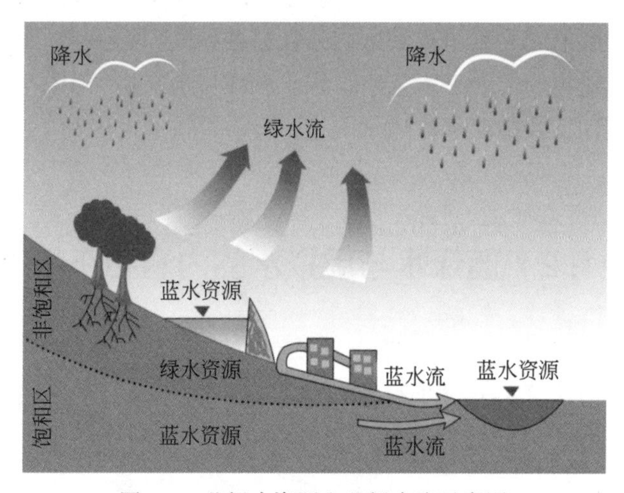

图 1-1　蓝绿水资源和蓝绿水流示意图

2. 蓝绿水的作用

Falkenmark（1995）在提出蓝绿水概念的同时，也指出了绿水在陆地生态系统中的重要作用，以及全球绿水资源状况对水安全的影响等，提出应将绿水资源纳入水资源评价之中，开展绿水管理、绿水和蓝水综合利用，自然生态系统与粮食生产绿水均衡利用等方面的研究。

绿水概念的提出完善了水资源的内涵，在全球水循环中，蓝水循环仅占一小部分（Falkenmark and Rockström，2006）。另外，蓝绿水具有不同的功能，其定义的区分使得非专业决策者做决定时更简单，并且更加关注经常被忽略的陆地生态系统和景观管理的一些区域，如雨养农业、牧业、草原、森林和湿地。

蓝绿水均能为人类社会生活的发展做出贡献。例如，蓝水资源用在工业生产、农业种植和国内生产上，绿水资源则在维持作物产量、放牧场地、林业和陆地生态系统方面做出了巨大贡献，雨养农业和陆地自然生态系统都主要靠绿水维持，绿水是世界粮食生产最重要的水源。这些产业为我们的日常生活提供了各种各样的食物、纤维、生物质能、木材、畜牧产品和其他生态服务，使我们的生活得以维持并从中受益良多。

蓝水和绿水都可以提供生态服务功能，两者皆为人类生存和社会发展的先决条件。绿水支持陆地生态系统和雨养农作物生产。蓝水支持水生生态系统，形成可被人类直接利用的水资源。蓝绿水的重要区别在于绿水总是耗水，且很难在河流下游重复利用。但蓝水如果不被消耗掉，还可以被下游循环利用。

此外，绿水对陆地的降水模式起着重要的调节作用。在全球尺度上，海洋蒸发的水汽进入陆地，形成陆地40%的降水，另外60%的降水则来自陆地的蒸发和蒸腾，因而绿水构成了陆地一个具有支配作用的水汽反馈圈。如果海洋-陆地水汽途径的距离在500～1000km，则陆地绿水对陆地水循环的影响比海洋水汽更大（Rockström and Gordon，2001）。简而言之，绿水量与植物的生物生产量和降水量三者呈近似正比例线性关系，并构成一个循环模式。生物生产量越大，蒸腾量即生产性绿水量也越大，降水也越多。反之，随着植物生产量不断减少，降水会越来越多地成为地表径流，植物蒸腾量也就越来越小，降水模式随之改变，气候也就变得日益干燥炎热。

1.2.2　虚拟水的内涵和作用

1. 虚拟水的内涵

1992年在都柏林召开的一个会议提出，“水资源在现阶段是比较稀缺的资源，应该被当作经济商品来对待”，这个观点被大众逐渐接受，并成为当前主流观点。节约水资源并提高水资源的利用效率是水资源领域研究的重点问题。有效利用水资源可以从以下三个层面考量：第一，也是最低等级的，即水资源的利用效率，这一层面的水资源利用效率提高可以通过开发节水技术、调整水价、提高公众意识等来实现。第二，水资源的分配和再分配，让所有使用水资源创造利益的部门能够公平用水，这一层面的高效利用则需要通过政府与各产业各部门之间的配合来实现，政府需制定科学合理的用水政策，各部分各产业则应严格按照政策执行用水计划，进而提高用水效率，减少水资源浪费。第三，也是最高等级的，水资源利用效率是水的运输效率，因为水资源体积庞大，运输水费用非常高，虚拟水概念的提出完美地解决了这个问题。虚拟水的概念在1993年由英国学者Allan首次提出，是指在生产产品和服务中所需水资源的数量，即凝结在产品和服务中的虚拟水量。虚拟水理论认为，人们不仅在饮用和洗浴的过程中直接消耗水资源，同时也在消耗其他产品时间接消耗水资源，虚拟水概念的提出就是为了核算食品和消费品在生产及销售过程中的用水量。例如，一个计算机芯片含有大约32kg虚拟水；1kg牛肉含有约16t虚拟水；在湿润地区生产1kg的粮食，需要1～2m^3的水，也就是1～2t虚拟水资源。但产品中所隐含的虚拟水含量与该产品的生产区域密切相关，如同样生产 1kg 粮食，在干旱地区需要的水资源比湿润地区可能要高两倍以上（龙爱华等，2004）。

受到加拿大经济学家 Wackernagel 等（1997）提出的“生态足迹”理论的影响，Hoekstra 和 Hung（2002）在虚拟水概念及虚拟水理论的基础上，进一步发展出水足迹的概念，来描述人类经济活动对水资源产生的影响。蓝水足迹是指产品生产过程当中所消耗的地表水资源与地下水资源的总量。绿水足迹是指产品生产过程中通过蒸腾作用消耗的雨水资源量，即存在于土壤中的雨水被农作物生产过程中蒸腾的量。灰水足迹则是指以当前水环境水质标准为基准，消纳产品生产过程中产生的污染物所需要的淡水量。

虚拟水具有如下特点：①非真实性，即虚拟水不是真正意义上的水，而是以“虚拟”的形式包含在商品中的“看不见”的水；②社会交易性，即虚拟水是通过商品交易，即贸易来实现的，没有商品交易或服务就不存在虚拟水；③便捷性，由于实体水贸易运输距离长，成本高，往往是不现实的，而虚拟水以无形的形式寄存在其他商品中，便于运输；④价值隐含性，由于虚拟水是包含在商品中的“看不见”的水，其价值往往不被人们认识和关注。

2. 虚拟水的作用

以往，人们忽略了商品交换和服务背后存在的虚拟性及其重要性。在水资源商品化和水资源配置全球化背景下，面对水资源严重缺乏，甚至影响到粮食安全及威胁国家安全这一情况，虚拟水概念的面世，为全球进行缓解水资源危机的行动在不同的视角提供了新方法和新视角，有利于从全新的角度缓解水危机，解决水资源缺乏带来的种种社会问题。

虚拟水的提出突破了水资源领域的传统观念和思维方式，促使水资源研究从原有的以水为中心的观念转变为从商品交换的角度寻求水资源高效利用的途径（秦丽杰等，2008）。这种转变要求相关学者通过系统的理念和方法找寻与水问题相关的各种各样的影响因素。利用虚拟水理论分析水资源的利用与经济发展之间的关系，在发生问题的区域之外寻求解决问题的途径，能够更好地协调人口、资源和生态环境之间的关系。

虚拟水为水资源管理提供了新的理念，通过虚拟水贸易，即商品交换对水资源进行二次分配，构筑水资源安全战略体系。由于粮食生产消耗水资源量巨大，虚拟水贸易当中最重要的部分就是农产品贸易。当缺水国家和地区进口粮食的成本低于自身生产成本时，虚拟水战略就展现出了明显的优势。虚拟水战略在一些国家和地区已得到了应用，中东和北非地区每年进口的粮食所包含的虚拟水高达 500 亿 t，降低当地粮食生产的需求，极大地缓解了当地的水危机（Hoekstra，2003）。

虚拟水理论拓展了原有的水资源研究领域，虚拟水将水资源与部门产业生产的产品联系起来，在水资源与经济以及粮食安全之间架起了桥梁，给水资源领域的研究人员提供了更加宽广的研究空间。基于虚拟水理论，可以根据水资源的匹配程度制订相关政策，对构筑水资源安全战略体系具有重要意义。例如，对于水资源相对充足的地区，应在优先经济稳步发展的情况下合理调度水资源，提高水资源的利用效率；对于水资源相对缺乏的地区，应在优先水资源合理分配的情况下调整产业结构，为产业及城市的健康发展做出贡献。这无疑为我国解决干旱区的缺水问题提供了崭新的方向。我国华北及西北地区水资源短缺严重，生态环境恶化，区域社会经济发展受限，实施虚拟水战略，促进农业规划统筹发展，调整产业结构，对上述地区的可持续发展具有重要的现实意义和指导意义。

1.3 蓝绿水与虚拟水的研究进展

1.3.1 蓝绿水研究进展

传统意义上的水资源是指能够被人类和生态系统直接利用的水。为了更好地评价农业生产中水资源的贡献，Falkenmark（1995）首次提出蓝水和绿水的概念。蓝水是指储存在江、河、湖泊及含水层中的看得见的自由液态水；而绿水是指储存在非饱和土壤中供植被蒸发蒸腾的那部分水资源。全球约65%的降水通过植被蒸散的形式转化为绿水，而蓝水仅占35%。传统意义上的水资源仅限于蓝水，并不包括绿水。然而绿水是维持全球粮食生产和生态系统服务功能的重要水资源。据估计，全球80%的粮食生产依赖于雨养农业，在撒哈拉以南的非洲地区甚至占到90%。

传统的水资源评价和管理只考虑了对人类社会经济系统有用的蓝水（地表水和地下水资源），却忽略了对农业生态系统和自然生态系统有重要作用的水资源——绿水。绿水概念的提出使人们对水资源有了更全面的理解，拓宽了传统水资源的界限。

1. 蓝绿水评估方法进展

近年来蓝绿水资源评价已成为水文水资源领域的研究热点，并逐步影响着人类对水资源管理的思维方式（Falkenmark and Rockström，2006）。蓝绿水研究经历了从单独评估蓝水资源到综合评估蓝绿水资源，以及从统计定量估算到通过水文模型模拟的深化过程。进一步估算区域的蓝绿水资源量可以更好地为该区域水资源管理提供科学支撑和理论基础。目前，区域蓝水资源量估算方法（传统的水资源评价方法）比较成熟，主要包括两种：统计分析方法和水文模型方法。估算绿水资源量的方法也日趋成熟，并得到了不同程度的应用。

蓝绿水综合评估方法主要划分为以下几种：一是采用生物学方法，即首先估算生态系统生产单位干物质所需要消耗的水资源量，然后将其与净初级生产力数据相乘得到绿水资源量。Postel 等（1996）采用该方法估算了天然森林、人工林、雨养作物和雨养草地四种植被的绿水资源量。二是结合地面观测的实际蒸散量与空间信息（如遥感影像）来估算绿水资源量。Romaguera 等（2010）通过对遥感图像解译获得蒸散发和降水等数据，估算了农作物消耗的蓝绿水资源量。三是利用水文模型或生态系统过程模型估算蓝绿水资源量。Liu 和 Yang（2010）基于高空间分辨率尺度，采用地理信息系统的环境政策综合气候模型（GIS-based environmental policy intergrated Climate model，GEPIC）评价了全球农业生产活动所需的蓝水和绿水消耗，研究表明，全球粮食生产所需的水资源 80% 依赖于绿水。Kumm 等（2014）则采用 LPJ（Lund-Potsdam-Jena）模型模拟了全球作物绿水耗水，分析了气候变异对粮食生产的影响。

目前常用的蓝绿水评估方法是基于水文模型模拟，基于土壤状况、土地利用信息、灌区空间分布、水文气象条件，输入模型，预测估算蓝绿水资源量。常用的全球尺度蓝绿水模拟模型有 LPJmL（Lund-Potsdam-Jena managed land）（Rost et al.，2008a；Rockström et al.，2009b）、IMPACT（Rosegrant et al.，2008）等水文植被耦合动力模型，通过空间格网计算水量平衡，模拟大气-土壤-植被之间的水的状态转化、生物地球化学过程以及植被或作物生长过程及时空动态变化。通过计算地表径流、蒸散发量、土壤水分变化以及作物产量模拟预测陆地生态系统蓝绿水资源量，以进行后续不同变化条件下的水资源评估。常用的模拟流域（区域）尺度的蓝绿水资源量的模型有 SWAT（Neitsch et al.，2011）、MPI-HM（Chen et al.，2014）、WAYS（Mao and Liu，2019）等，它们均为分布式水文模型，由地表径流、蒸散发、土地利用、水资源利用等模块构成。结合情景分析，可为定量区分流域蓝绿水资源量以及分析蓝绿水空间变化特征提供模型技术支持。

（1）全球蓝绿水定量评价

蓝绿水概念提出以来，不同尺度的蓝绿水资源量的定量研究取得了很大的成果。Shiklomanov（1991）作为最早的研究者之一，他评估了全球四个用水单元（农业部门、工业部门、市政部门和水库）的蓝水取水量。Seckler 等（1998）以国家为基本单元，评估了全球蓝水取水量。Postel 等（1996）粗略地估算了全球不同经济部门的蓝水取水量和蓝水耗水量，以及耕地、牧场、林地和人类用地的蒸散发量（绿水耗水量）。其研究表明，全球生态系统和人类食物需求每年消耗的蒸散量为 6.9×10^6 亿 m^3。全球范围来讲，蓝水资源量为 4.0×10^6 亿 m^3，绿水资源量为 6.0×10^6 亿 m^3。

最早关于全球蓝绿水估算的研究的空间精度较低，通常以全球或国家为基本单元进行估算。直到 20 世纪 90 年代末期，开始出现高空间精度（0.5rad）的研究，如 Döll 等（1999）开展了高空间分辨率的关于蓝水取水量和耗水量的研究，Döll 和 Siebert（2002）同样在高空间分辨率上分析了全球尺度灌溉需水量。以上这些研究都主要关注蓝水的估算，而忽视了绿水的估算。根据绿水的定义，只有农业部门和其他陆地生态系统存在绿水的消耗。Liu 等（2009）采用 GEPIC 模型（GIS 与 EPIC 模型相结合）定量评价了蓝水和绿水对全球农田生态系统用水的贡献，结果表明，1998 ~ 2002 年全球农田生态系统消耗性用水为 3.8 万亿 m^3，其中绿水占 81%，说明绿水是农田生态系统消耗性用水的主体。

（2）区域蓝绿水定量评价

近年来，区域尺度的蓝绿水定量研究也取得许多成果。Schuol 等（2008）采用半分布式水文模型 SWAT 定量评估了非洲大陆各国的蓝绿水资源量。Willaarts 等（2012）通过水文模型 BalanceMED 模拟了地中海农业生态系统的蓝绿水空间分布情况。Zang 等（2012）利用 SWAT 模型评估了黑河流域蓝绿水的时空分布情况，研究表明，黑河流域蓝绿水总量为 220 亿 ~ 255 亿 m^3，且水资源存在形式主要为绿水。

目前国内外蓝绿水的评估主要限于理论研究，难以直接应用于实际区域或流域水资源管理实践中。

2. 蓝绿水与水资源可持续性评价

水危机已成为全球面临的重大挑战之一，大多数国家都面临着严重的水资源短缺困扰。如何利用有限的水资源，在保证社会经济发展的同时，保证水资源的可持续性利用已成为人们关注的重点，因而水资源可持续性评价也成为水资源领域的研究热点。即使目前水资源可持续性评价主要关注的仍然是蓝水，绿水的相关研究较少，但随着研究的深入，研究者逐渐将蓝绿水引入水资源短缺评价中，进一步分析水资源危机的原因。水资源危机已不再是单纯的蓝水资源匮乏问题，而是水资源管理问题。同时综合考虑蓝水与绿水的水资源管理与可持续性评价将直接影响全球或区域的水资源安全。

Rost 等（2008b）利用 LPJmL 模型估算了全球雨养和灌溉农业以及非农业陆地生态系统的蓝水和绿水耗水量，并分析了由人类引发的土地利用变化和灌溉对全球农业的影响。该研究强调了绿水在全球水资源和可持续性评价中的重要性。Zang 和 Liu（2013）利用统计检验方法分析了黑河流域 1960 ~ 2010 年蓝水、绿水和总的水资源量的历史变化趋势及未来变化趋势，研究结果表明，1960 ~ 2010 年蓝水、绿水和总的水资源量在黑河流域上游和中游增加明显；从整个流域来看，黑河流域蓝水、绿水和总的水资源量在未来呈现持续增长的趋势，但是绿水增加不明显，且绿水系数在未来将呈现持续降低的趋势。该研究指出在今后水资源管理中，黑河流域的管理者需要关注水资源显著下降的子流域，并特别强调了绿水资源管理的重要性。Biewald 等（2014）利用 MagPIE 和 LPJmL 模型定量分析了农产品贸易对作物产量的影响。该研究首次基于栅格尺度研究了在粮食、家禽及饲料的国际贸易中蓝绿水的消耗与节水情况。研究表明，农产品贸易节约了 18% 的绿水资源量和 5% 的蓝水资源量；印度、摩洛哥、埃及等国家可以通过进口农产品来缓解当地水资源短缺问题，而土耳其、西班牙、葡萄牙、阿富汗和美国农产品的大量出口导致当地水资源短缺问题加剧。

Hoekstra 等（2012）在前期研究基础上，分析了全球405个流域1996～2005年的月平均蓝水足迹，得出其中201个流域在一年中至少有一个月存在蓝水足迹超过可利用蓝水资源量的现象，说明1996～2005年流域的蓝水资源利用不可持续。Zeng 等（2012）估算了黑河流域逐月蓝水足迹，并通过与蓝水资源量比较，得出黑河流域一年中有8个月蓝水资源利用不可持续的结论。Zoumides 等（2014）采用作物用水经济生产率和蓝水资源短缺指数评价了干旱-半干旱地区塞浦路斯1995～2009年作物供给水足迹，研究结果发现，塞浦路斯蓝水足迹呈现不可持续性，超过了当地水资源供给量。

1.3.2 虚拟水研究进展

虚拟水概念在1993年由英国学者 Allan 首次提出，从而揭开了虚拟水相关研究的序幕。虚拟水概念提出的意义在于为水资源分析和管理引入了全球视角。以往研究多将水资源短缺视为本地水资源管理问题，而虚拟水研究强调外部消费和贸易因素对本地水资源的重要影响，从而引发了科学界对水资源可持续利用的重新思考。正如 Vörösmarty 等（2015）发表在 *Science* 的文章指出，全球有相当一部分用水源自产品的国际贸易，其中隐含大量的虚拟水流，水资源管理应实现从本地视角向全球视角的转变。初期虚拟水主要用于衡量生产农产品所需要的水资源量，其初衷是希望通过国家或地区之间水资源密集型农产品贸易来减少贫水国家或地区水资源危机。Hoekstra（1998）在此基础上拓展了虚拟水概念，指生产产品或提供服务需要消耗的水资源量。

1. 虚拟水研究方法进展

虚拟水研究方法主要归为“自下而上”与“自上而下”两类方法（表1-1）。

表1-1 虚拟水量化方法的分类及特点

方法		模型	研究区	研究对象	代表文献
“自下而上”	作物生长需水模型核算法	CropWat	全球	农作物（蓝绿水）、畜禽	Hoekstra 和 Hung（2005）；Yang 等（2006）
		GEPIC 模型			Liu 等（2009）
		高分辨率空间化模型			Mekonnen 和 Hoekstra（2010）；Hoekstra 和 Mekonnen（2012）

续表

方法		模型	研究区	研究对象	代表文献
“自上而下”	投入产出方法	单区域投入产出（SRIO）	国家、省、市、流域	所有产品	Guan 和 Hubacek（2007）；Zhao 等（2009）
		多区域投入产出（MRIO）	全球，国家内部区域间	所有产品	Lenzen（2009）
		网络分析方法（NWA）	全球	农作物（蓝绿水）、畜禽	Yang 等（2012）
	可计算一般均衡模型法	CGE 模型	全球		Berrittetlla 等（2007）

（1）“自下而上”方法

“自下而上”方法一般以可计算的最小单元，如一件特定产品为核算单元，以虚拟水含量（单位产量或价值的耗水量）的计算作为核算基础（Yang et al., 2006）。结合该产品的贸易数据——通常从联合国粮食及农业组织（Food and Agriculture Organization of the United Nations，FAO）以及国际贸易中心（International Trade Center，ITC）网站获得可核算该产品的虚拟水贸易量。

由于粮食生产在全球范围内消耗大量水资源，虚拟水量化始于对粮食产品虚拟水含量和虚拟水贸易的核算（Yang and Zehnder，2007），这也使得“作物生长模型”核算法成为目前应用最多的一种“自下而上”方法。该方法多采用作物和气象数据，应用“作物生长模型”核算特定农作物产品的蒸散发（Hoekstra and Hung，2005），进而可以结合产量计算虚拟水含量。水足迹网络（water footprint network，WFN）目前提供国家尺度上近 150 种作物的虚拟水含量（Hoekstra et al., 2011）。

相对于作物产品，畜禽产品对水资源的消耗更为巨大。以中国为例，肉类产品的虚拟水含量为 2400 ~ 12 600L/kg，而谷物产品的虚拟水含量仅为 80 ~ 1300L/kg（Liu and Savenije, 2008）。Mekonnen 和 Hoekstra（2012）对全球畜禽产品的虚拟水含量进行了核算，研究发现，相同营养价值的作物和肉类产品相比，肉类产品的虚拟水含量明显更大。因此，核算畜禽产品的虚拟水含量成为“自下而上”方法核算的重点之一。Chapagain 和 Hoekstra（2011）开发出了“生产树”的方法用于计算畜禽产品的虚拟水含量。该方法考虑畜禽产品整个生产过程所需的水量。计算分为活动物的虚拟水含量以及加工产品的虚拟水含量，而活动物的虚拟水含量又分为三部分：食物消耗、饮用水消耗以及服务消耗（如畜栏清洗）的虚拟水含量，其中食物消耗的虚拟水又可分为作物虚拟水以及食品加工虚拟水。

随着研究的深入，一些学者将空间化模型与“作物生长模型”相结合，使得地理信息系统（geographic information system，GIS）在虚拟水研究中得以广泛应用。Liu 等（2007a）

开发的 GEPIC 模型，是最早采用高空间分辨率研究虚拟水的工具，能够以较高精度（0. 5rad）反映各种农作物的蓝色和绿色虚拟水含量在空间中的分布。同时计算虚拟水含量的另一个应用广泛的模型是 H08 全球水文模型（Hanasaki et al.，2010）。

（2）“自上而下”方法

投入产出分析是一种利用部门间的财政货币或实物交易来考虑部门间直接与间接关系的经济模型，由 Leontief 于 1936 年提出。作为一种“自上而下”方法，投入产出分析能够衡量所有行业部门之间的直接与间接虚拟水贸易，克服了应用“自下而上”方法而产生的“截断误差”（truncation error，即在整体供应链中仅截取有限的部分进行计算时带来的计算误差）（Mekonnen and Hoekstra，2010）。近年来，投入产出方法在虚拟水贸易研究领域发展较快，目前大部分投入产出表以货币为单位，可分为单区域投入产出（single-region input-output，SRIO）和区域间投入产出（multi-region input-output，MRIO）两种模型。单区域投入产出模型以单一研究区为研究对象，因而不能考虑输入方的生产耗水情况。为此单区域投入产出模型往往假设输入方的技术（以单位经济总产出的生产耗水表征）与研究区相同。这种假设的意义是能够衡量本地的潜在耗水情况，即如果本地不输入同类产品而是选择自己生产，则需要消耗多少本地水资源。

黄晓荣等（2005）较早提出了单区域投入产出计算虚拟水的模型，并计算了 2002 年宁夏虚拟水贸易的输出量和虚拟水的消费利用状况。Dietzenbacher 和 Velázquez（2007）应用单区域投入产出模型分析了西班牙安达卢西亚的虚拟水贸易，发现每年 90% 的水消费都源自农业部门，而超过 50% 的农业最终需求出口到西班牙的其他地区或国外，因此提议西班牙减少农业产品的虚拟水出口。Zhao 等（2009）计算了中国 2002 年的虚拟水进出口情况，发现采用“自上而下”方法的结论与“自下而上”方法的结论相同，即中国是农业虚拟水净进口国，但是如果考虑所有经济部门，中国实际上是虚拟水净出口国。

相对单区域投入产出模型，应用区域间投入产出模型核算虚拟水贸易的相关研究还较少，主要是因为一般国家或地区官方发布的多为单区域投入产出表，其数据较容易获得，而区域间投入产出表往往需要研究机构专门进行编写，工作量较大。Lenzen（2009）编制了澳大利亚区域间投入产出表，并从生产部门和消费部门两种视角核算了澳大利亚维多利亚州与其他州的虚拟水贸易情况。Zhang 等（2011）应用 2002 年中国区域间投入产出表分析了北京与其他省（自治区、直辖市）的虚拟水贸易情况，发现与北京相邻的河北虽然也极度缺水，但却大量输出虚拟水至北京（占北京虚拟水输入量的 16%）。Zhao 等（2016）采用简化的区域间投入产出方法构建了上海与其他省（自治区、直辖市）的虚拟水与虚拟污染物的贸易模型，发现上海通过输入将水量和水质压力转移到其他省（自治区、直辖市）。

由于数据限制，区域间投入产出分析选择的研究区主要集中在有限的几个国家之间或国家内部的区域间。但近年来，以 GTAP、WIOD 及 Eora 为代表的全球投入产出模型先后被不同研究机构开发出来（Lenzen et al., 2012）。可以预见，应用全球投入产出表核算国家间虚拟水贸易的研究将成为水资源领域的前沿热点。

此外，一些与投入产出分析密切相关的方法也应用在虚拟水的研究中。网络分析方法（NWA）是投入产出方法在生态领域的应用（Fath and Patten, 1999）。Yang 等（2012）构建了全球 13 个区域的虚拟水贸易生态网络分析模型。通过“控制分析”量化了区域间进行虚拟水贸易的相互依赖程度，通过“效用分析”分析了区域间进行虚拟水贸易的相互作用关系。Berrittella 等（2007）应用可计算一般均衡（computable general equilibrium, CGE）模型对全球虚拟水贸易进行了研究。该模型基于一般均衡理论，以市场供需平衡为前提，将水作为一种生产要素。其优点是可以考虑各类价格因素（如税收）对虚拟水贸易的影响，但由于模型假设较多，核算复杂，较难推广。

（3）两种方法的比较

两种方法相比，“自下而上”方法更适于研究具体农作物产品的虚拟水贸易。这是由于农作物产品属于初级产品，位于供应链的起点，计算农作物产品的虚拟水含量只需要核算作物生长期间的直接耗水，不需要计算整个供应链产生的间接耗水。而工业产品由于供应链复杂，其原材料中包含的间接虚拟水可能来自世界不同地区，应用“自下而上”方法很难准确核算其作为最终消费品的虚拟水贸易量。“自上而下”方法能够考虑不同地区所有社会经济部门间的贸易联系，进而可以核算间接虚拟水贸易量，而不产生“截断误差”，因此更适合研究区域及区域间所有经济部门的虚拟水贸易。

虽然“自上而下”方法具备以上优点，但其缺点也较为明显：“自上而下”方法由于考虑社会整体经济活动，不可避免地要减少部门分类。例如，我国发布的投入产出表只有两种部门分类：135 个部门和 42 个部门，在 42 部门分类中，农林牧渔等各行业统一合并成“农业”这个单一部门，这使得投入产出表很难反映特定农产品的虚拟水情况。

由此可见，两种方法都有其各自的优点及研究范围，将两种方法有效结合起来对地区虚拟水贸易情况进行综合评估应成为未来虚拟水研究的发展方向。

2. 虚拟水贸易的定量评价

（1）全球虚拟水贸易图

全球虚拟水贸易图展示了各国的虚拟水进出口量，以及国家间的虚拟水贸易流量和流向等，是虚拟水研究的主要内容之一。通过虚拟水贸易的空间化展示，可以了解全球水资源通过贸易重新分配的情况，对揭示产品贸易对水资源影响的机制起到了数据支持的作用。

在虚拟水流向方面，多数研究发现北美洲和南美洲是虚拟水的主要输出方（Chapagain and Hoekstra, 2008），欧洲、中美洲、中东及西亚是虚拟水的主要输入方（Hanasaki et al., 2010）。虚拟水的出口可以表示本国水资源被其他国家占用的情况。Hoekstra 和 Mekonnen

（2012）研究发现，美国、巴基斯坦、印度、澳大利亚、乌兹别克斯坦、中国及土耳其等国家蓝色虚拟水出口占全球总量近一半，但以上这些国家均存在不同程度的水资源压力。因此提出选择消耗国内有限的蓝水资源用于出口产品是否有效率或是否可持续？

虽然全球虚拟水贸易图展示了虚拟水贸易对全球水资源的再分配作用，但类似研究也存在一定局限，主要表现在：各项研究计算的虚拟水贸易量差异巨大。这是由于虚拟水含量、研究对象、研究期的选择以及数据和模型的不同（Yang and Zehnder，2007）。例如，Liu 等（2007a）应用 GEPIC 模型计算的 2000 年全球小麦虚拟水贸易量为 1590 亿 m^3，而 Hoekstra 和 Hung（2005）应用 CropWat 模型计算的结果为 2000 亿 m^3。这种差异也反映出全球尺度的虚拟水贸易核算所能提供的精度仍较为有限。因此，全球虚拟水贸易图很难为各个国家或地区解决水与粮食危机提供相关的决策支持（Yang and Zehnder，2007）。

（2）虚拟水贸易与水资源节约

虚拟水贸易定量化研究是计算通过虚拟水贸易而节约的水量。由于各国各地区的生产技术、气候等条件的不同，其虚拟水含量也存在差异。普遍认为，一件产品从虚拟水含量较低的国家或地区出口至虚拟水含量较高的国家或地区，水资源得到了节约。原因是虚拟水含量较高的国家或地区一旦自己生产这件产品，则会消耗更多的水资源。

根据以上思路，全球农产品虚拟水贸易平均每年节约水量 3520 亿 m^3，约为全球农产品用水量的 6%（Chapagain et al.，2006）。其他类似的研究也证明，在全球尺度，主要的虚拟水出口国比虚拟水进口国具有更低的虚拟水含量（Dalin et al.，2012）。Konar 等（2013）考虑了气候变化对虚拟水贸易的影响，其研究结论认为未来气候变化将更加节约虚拟水。这主要是因为更多的小麦会从水资源丰富的地区输出至水资源相对贫乏的地区。对于国家内部区域间的虚拟水贸易和水资源节约，Dalin 等（2014）应用一般均衡福利模型结合线性规划研究了中国各省（自治区、直辖市）间及其与国外的虚拟水贸易，发现中国从国外进口大豆节约了大量本国水资源，省（自治区、直辖市）间虚拟水贸易节约了绿水资源，却消耗了更多蓝水资源。

虽然从全球尺度看，虚拟水贸易使水资源得到了节约，但这仅是从虚拟水含量这个单一指标进行分析得出的结论。实际上这一结论对实际水资源管理的作用还较为有限。例如，水资源丰富但虚拟水含量较高的国家从水资源短缺但虚拟水含量较低的国家进口虚拟水，虽然从全球尺度看水资源得到节约，但其导致的结果可能是水资源丰富的国家水资源没有得到合理利用，而水资源短缺的国家则越来越缺水。另外，一些国家的虚拟水含量较低，可能跟大量使用农药和化肥而增加粮食产量有关系（Yang and Zehnder，2007）。已有研究表明，过度使用化肥和农药是许多虚拟水出口国共同面临的主要环境问题（Davis and Koop，2006）。

Chouchane 等（2018）估算了 1981 ~ 2010 年 6 种作物的水足迹。量化了每年的虚拟水净输入量（NVWI），建立了两个模型分析 NVWI 和作物之间的关系，解释了雨水作物和灌溉作物的变化趋势。Ahams 等（2017）将水足迹的概念引入美国 65 个城市来分析城市水足迹的价值和特征，发现一些城市是虚拟水净输出城市，且在水足迹消耗过程中存在不平等的情况，因此认为整个美国城市用水非常失调。

(3) 地区虚拟水贸易的量化研究

如果全球虚拟水贸易是为了展示全球贸易对水资源的影响，地区虚拟水贸易的量化研究则注重虚拟水贸易对本地资源和经济产生的影响。其研究区多为水资源较为紧缺的地区（中东、地中海、中国的北方和超大城市）、国家（西班牙、澳大利亚、印度、中国）和流域（尼罗河流域、黄淮海流域），其中很多研究显示，一些地区虽然干旱缺水，却是虚拟水的输出方。

中国是虚拟水研究最主要的区域之一。研究显示中国存在实体水“南水北调”，但虚拟水“北水南调”这一矛盾（Ma et al., 2006）。南方每年从北方调配的食物所含虚拟水达520亿m^3，这一数字已超过“南水北调”的最大调水量。Guan和Hubacek（2007）采用了扩展的单区域投入产出模型对中国北方地区（河北、山东、山西和河南以及京津）和南方地区（广东）的虚拟水贸易分别进行了核算，其中还考虑了污染物的虚拟水贸易，结果显示北方地区虽然缺水却是虚拟水的净输出区域，而南方地区虽然水量丰富却是虚拟水净输入区域。除了“北水南调”，Feng等（2014）和Zhao等（2015）的研究也显示，国内虚拟水贸易存在从内陆地区流向沿海发达地区的规律。

(4) 虚拟水贸易的时间序列分析

目前大部分关于虚拟水贸易的研究集中于某一年或者多年平均，而关于时间序列的分析较少。但这些有限的研究显示，国家和地区的虚拟水贸易呈现增加趋势。Oki和Kanae（2004）最早进行了虚拟水贸易时间序列研究，其研究结果指出，1961～2000年全球主要农作物和肉类的虚拟水贸易增长了至少40%。Liu等（2007b）通过对中国1961～2004年农作物虚拟水贸易计算发现，农作物虚拟水净进口呈现上升趋势，并在近年快速增长，2004年中国农作物虚拟水净进口达到781亿m^3，占当年农作物生产用水量的11%。随着数据更新，近期虚拟水贸易时间序列研究逐渐增多。Dalin等（2012）研究表明，全球虚拟水贸易量1986～2007年增长了约一倍。同时Dalin等（2017）的研究表明，2001～2010年全球虚拟水贸易导致粮食生产地区的地下水含水层埋深大幅度下降。

目前大部分对虚拟水时间序列的研究由于数据的限制存在一个基本的假设，即虚拟水含量不随时间变化。这就意味着虚拟水含量被看作一个不变的常量，虚拟水贸易的变化仅为粮食贸易的函数。对于单一研究区来说，这与研究该区域粮食贸易变化的区别就不大了。因此，考虑虚拟水含量随时间的变化及其驱动因子（气候变化、用水效率、单产等），是未来虚拟水贸易时间序列研究的重点，这将使虚拟水的时间序列分析更有意义。同时，时间尺度上的虚拟水贸易也是值得继续探索的课题。Renault和Hoekstra（2003）指出，虚拟水贸易并不仅限于空间尺度上的研究，时间尺度上也存在虚拟水贸易。例如，对一个地区来说，湿润季节生产的作物可以储存至干旱季节卖出，相当于虚拟水在时间尺度上的交易。这一理念对于确保粮食安全，合理利用水资源具有重要意义。

3. 虚拟水贸易的机理揭示

(1) 比较优势原理与虚拟水贸易

在机理揭示方面，国际贸易理论中的比较优势（comparative advantage）常常被看作虚拟水贸易的理论基础。比较优势认为，对于某种限制性资源，国家只要将其用在具有比较优势的产品上，就会从贸易中获益。将这一理论应用于水资源方面，特别是缺水的国家可以通过进口高耗水产品且将有限的水资源用于高附加价值的经济活动来获利。比较优势原理需要考虑水资源的机会成本，即只有在水资源成为限制因子时才能发挥作用，而很多地区水资源往往不是贸易最主要的限制因子或决定因素。例如，中亚五国在棉花生产中具有比较优势，因此会不惜牺牲水资源从生产棉花中获利。

(2) 虚拟水贸易的驱动因素分析

虚拟水贸易由哪些决定因素驱动？很多研究指出，在全球尺度下虚拟水贸易与地区水资源禀赋并无相关关系：很多水资源丰富的国家反而是虚拟水进口国，水资源紧缺的国家则是虚拟水出口国（Ramirez-Vallejo and Rogers，2004）。但 Yang 等（2003）的研究发现，国家水资源量如果低于一定的阈值，虚拟水进口的需求则会普遍增加。同时其研究表明，人均水资源量与谷类虚拟水净进口量存在负相关关系，即对谷物进口的需求以及伴随着虚拟水进口量随着水资源的减少呈指数增长。Ramirez-Vallejo 和 Rogers（2004）则将全球农业贸易自由化作为情景，探讨了除去所有农业津贴和贸易壁垒的自由贸易市场对虚拟水贸易的影响。Verma 等（2009）则提出农作物虚拟水贸易量与人均土地面积有较强的相关关系。这一观点可用于解释我国虚拟水从北方缺水地区向南方丰水地区调度，即“北粮南运”的原因。由于北方粮食产区较多，虚拟水自然由北向南流动。Tamea 等（2014）通过多元回归模型研究了人口、GDP、耕地、农产品中的虚拟水量、饮食需求以及地理距离等因素与 1986 ~2010 年的全球虚拟水贸易的相关性，结果表明，人口、GDP 以及地理距离是虚拟水贸易的主要决定因素。Zhao 等（2019）利用比较优势分析了我国虚拟水贸易，结果发现，驱动我国省际间虚拟水贸易的主要因素是土地生产力，而非劳动力或水资源生产力。这一结论进一步挑战了虚拟水贸易的基本假设，即虚拟水贸易从富水地区流向贫水地区。虚拟水贸易的驱动机制仍然是当今虚拟水贸易的重要研究方向。另外，由于国际社会对气候变化的持续关注，考虑气候变化对虚拟水贸易的影响成为虚拟水机理研究方面的热点问题。

(3) 虚拟水贸易中影响地区水资源安全的不利因素

有研究表明，虚拟水贸易并没有在全球范围内促进水资源的公平分配（Seekell et al.，2011）。一种普遍接受的观点认为，持续输入虚拟水增加了输入方对外部输水的依赖程度，长远看增加了其水资源及粮食安全风险（Suweis et al.，2013）。Zhao 等（2015）通过情景分析预测未来我国沿海发达省将继续增加虚拟水输入，从而增加未来我国虚拟水主要输出省的水资源压力。Dermody 等（2014）的研究表明，长期依赖虚拟水进口是罗马帝国陷落的重要原因之一。同时有观点认为，由土地掠夺（land grabbing）产生的虚拟水贸易是一种水资源掠夺（water grabbing）。土地掠夺是指在未征得之前土地使用者的同意，以及不考虑社会环境影响，在违背人权的情况下所获得的土地。Rulli 等（2013）的研究认为，在全球，尤其是非洲和亚洲地区存在广泛的土地掠夺现象。且全球90%的掠夺土地存在水资源被大量掠夺的问题。因此，虚拟水能否在粮食生产及水资源安全管理中发挥积极的作用，还有待继续探索。

1.4 小　结

随着社会经济快速发展，人类面临的水资源压力不断加剧，区域水资源系统正在发生深刻变化。如何在传统水资源研究的基础上拓展水资源范畴，结合虚拟水理论与传统水资源认知体系，丰富水资源问题解决方案，是当今水资源研究的关键。如何认识全球变化新形势下自然-社会-经济系统中水资源流动转化及演化的新规律是本书的关键科学问题。

本书以水资源短缺问题极其突出的内陆河流域——黑河流域为例，在传统的实体水（蓝绿水）研究的基础上，研究人类生产和消费活动对流域水资源的影响，旨在探究自然-社会-经济系统中蓝绿水-虚拟水转化规律，为保护和管理干旱半干旱区流域有限的水资源提供新的视角。

本书总体研究思路和框架如图1-2所示。研究涵盖蓝水、绿水和虚拟水，研究框架贯

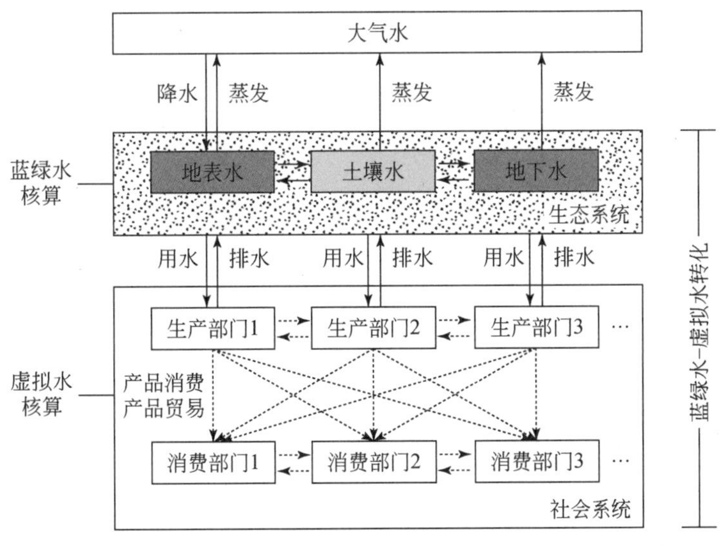

图1-2　蓝绿水-虚拟水转化研究框架

穿自然生态系统和人类社会系统，其主要研究内容包括生态系统中蓝绿水资源的核算，社会系统中虚拟水的核算，水资源以不同形式在生态系统和社会经济系统之间的转化和流动规律分析，以及虚拟水战略在流域水资源保护中所发挥的作用。本书形成的蓝绿水与虚拟水核算方法以及蓝绿水-虚拟水转换理论体系已经在黑河流域得到应用，能够为流域水资源保护和水资源高效利用提供理论依据和数据支撑。

第 2 章　黑河流域概况

2.1　黑河流域自然地理概况

2.1.1　地形地貌

黑河流域位于我国西北干旱地区，是我国第二大内陆河流域，具有典型的干旱区内陆河流域特征。流域总面积达 14.3 万 km^2，地理范围为 97°40′E ~ 102°13′E、37°73′N ~ 42°69′N。黑河流域地势南高北低，主要呈现三个地貌单元：南部祁连山地槽褶皱带、中部河西走廊凹陷盆地和北部阿拉善高原。黑河流域上游为最南部祁连山区，海拔在 3000 ~ 4500m，主要地貌类型有现代冰川、山地、丘陵以及山间盆地与构造宽谷、峡谷、河谷盆地等。中游河西走廊位于祁连山与北山山地之间，海拔在 1400 ~ 1700m，地势平坦，在走廊周围，由山区河流搬运下来的物质堆积于山前，形成山前倾斜平原，分布有平原绿洲、荒漠戈壁，地质构造上属祁连山山前倾斜平原和断凹陷中心地带，赋存了大量的地下水。下游额济纳盆地为阿拉善台隆凹陷，南起走廊北山山系，北达中蒙边境，区域地壳活动稳定，相对沉降幅度不大且不均匀，盆地中堆积物主要是河湖相碎屑沉积，物质来源除沉积物外，大部分从上游搬运而来。居延海属于黑河流域最低区，海拔仅为 900m 左右。

2.1.2　气候条件

黑河流域位于欧亚大陆中心，主要受中高纬度的西风带环流控制和极地冷气团影响，属于典型的大陆性季风气候。水汽含量较少，气候干燥，昼夜温差大，气候状况从东到西，由南向北具有明显的地域性。

上游祁连山区属于高寒半干旱气候，具有垂直地带性特点。上游是黑河流域的产流区，多年平均降水量为 250 ~ 500mm，气温较低，最低可达 -28℃。中游河西走廊属温带干旱亚区，多年平均降水量为 100 ~ 250mm，温差较大，年平均温度为 6 ~ 8℃，年日照时数长达 3000h 以上，气候条件有利于植物光合作用，具有发展农业、林业和牧草业的优势条件。下游额济纳旗属于荒漠干旱区和荒漠极端干旱亚区，是径流的消失区，多年平均降水量少于50mm，蒸发量为2200～2400mm，植被以荒漠草场为主，是传统的牧业地区。

2.1.3 土壤植被

根据全国第二次土壤普查，黑河流域主要有23种土壤类型，具有干旱区典型的土壤特征。黑河上中下游土壤类型存在显著差异：上游祁连山区以高寒山地为主，主要包括寒冻毡土、寒冻钙土、寒毡土、寒漠土等土壤类型；中游走廊区以绿洲土壤为主，主要包括灌淤土、栗钙土、灰钙土等土壤类型；下游荒漠区以荒漠土壤灰棕漠土为主，还分布有荒漠风沙土、草甸盐土、林灌草甸土等土壤类型。

黑河流域从上游到下游的生态分布具有明显的垂直地带性，上游主要为高山冰雪冻土带和山区植被带；中游主要为山前绿洲带；下游主要为荒漠带。从上游到下游可划分为四个植被带：森林、灌丛、草原和荒漠。上游主要分布有针叶林、阔叶林、灌丛、草甸等植被类型。上游的寒温性针叶林（如青海云杉和祁连圆柏等）对黑河流域上游的水土保持和水源涵养起到了关键作用。中游植被受到严重的人类活动影响，以人工植被为主，如人工种植的杨树、梭梭、沙枣、枣树、桑树以及果树林等。此外，中游还分布有一些湿地植被，以芦苇、香蒲和柽柳为主。下游主要是荒漠天然绿洲景观，代表性植物有胡杨、沙枣、红砂、梭梭、泡泡刺、柽柳等。

2.2 黑河流域社会经济概况

黑河流域横跨青海、甘肃和内蒙古三省（自治区），下辖11个市（县、区）。黑河流域的上游位于青海省的祁连县，中游包括甘肃省的山丹县、民乐县、甘州区、临泽县、高台县、肃南裕固族自治县、肃州区和嘉峪关共8个市（县、区），下游包括甘肃省的金塔县和内蒙古自治区的额济纳旗（表2-1）。2012年黑河流域11个市（县、区、旗）的GDP为862.04亿元，其中上游、中游和下游地区GDP分别为15.51亿元、743.04亿元和103.49亿元，分别占黑河流域总GDP的1.8%、86.2%和12.0%。黑河流域各市（县、区、旗）GDP存在显著差异。嘉峪关市、肃州区和甘州区是黑河流域核心经济发展区域，其GDP远大于其他县（区、旗）。嘉峪关市和肃州区的第二产业占比均大于第一产业和第三产业，而甘州区第一产业为主导产业。黑河流域上游主要是畜牧业经济，其农作物播种面积为$2.23\times10^3 hm^2$，仅占黑河流域总播种面积的0.7%。中游地区经济发展水平较高，主要是灌溉农业经济，其农作物播种面积为$283.56\times10^3 hm^2$，占黑河流域总播种面积的88.5%。下游地区主要是荒漠农业，其农作物播种面积为$34.76\times10^3 hm^2$，占黑河流域总播种面积的 10.8%。

表 2-1　黑河流域 2012 年社会经济情况

流域	地区	人口/万人	GDP/亿元	农作物播种面积/10^3hm^2
上游	祁连县	5.1	15.51	2.23
中游	甘州区	51.5	123.82	61.83
	肃南裕固族自治县	3.7	23.40	7.02
	民乐县	24.6	33.00	61.25
	临泽县	15.0	36.69	27.40
	高台县	15.8	37.61	34.70
	山丹县	20.0	34.85	40.34
	肃州区	40.7	184.52	47.03
	嘉峪关市	19.7	269.15	3.99
下游	金塔县	15.0	58.17	30.25
	额济纳旗	1.7	45.32	4.51

2012 年黑河流域 11 个市（县、区、旗）的总人口为 212.8 万人，其中上游人口 5.1 万人，占 2.4%；中游人口 191.0 万人，占 89.8%；下游人口 16.7 万人，占 7.8%。黑河流域以农业人口为主，农业人口占到 2/3。嘉峪关市和额济纳旗以非农业人口为主，而其他县（区）均以农业人口为主。黑河流域人口以汉族为主，此外还有藏族、蒙古族、裕固族等 26 个少数民族。

2.3　黑河流域水资源概况及主要问题

黑河发源于祁连山，有东、中、西三个相对独立的子水系。东部子水系即黑河干流水系，面积约为 11.6 万 km^2，包括梨园河等 20 多条支流；中部子水系包括马营河、丰乐河等；西部子水系包括讨赖河、洪水河等。西、中部子水系已与干流脱离水力联系。根据 1954～2010 年莺落峡水文站观测数据可知，黑河年平均径流量为 15.8 亿 m^3。黑河上游祁连山区为流域的水源地区，其降水和冰川融水一部分下渗补给中下游地下水，一部分形成径流进入上游灌区；中游河道径流通过下渗补给下游地下水；下游灌区下渗水量和地下潜流最终进入流域终端。

黑河水资源对黑河流域的经济发展及生态保护具有重要的意义，尤其是对黑河流域中游地区。中游地区是我国西部重要的商品粮基地，中游 84% 的水资源用来灌溉农业，因此中游不仅是黑河流域主要的经济区，同时也是主要的耗水区。20 世纪 60 年代末，黑河流域大规模垦荒，大力发展商品粮基地。90 年代甘肃推行向黑河中游移民政策，导致中游灌溉面积迅速增加，大量的农业灌溉用水严重挤占了流域生态用水。此外，由于早期中游水利设施设置不合理，水资源没有进行统一调配管理，流域出现一系列生态环境问题，如上游森林面积萎缩，水源涵养功能遭到严重破坏；中游大量垦荒造成土壤盐碱化，农业面源污染严重；下游河道断流，东、西居延海先后于1961年和1992年干涸。因此为了解决黑河流域水资源问题，国家先后于1992年和1997年批准了黑河分水方案，即“九二方案”和“九七方案”。

2.4 甘临高地区水资源概况及主要问题

黑河流域的甘州区、临泽县和高台县处于黑河干流，该地区地形复杂，其地貌以山地和平原为主；地区降水量少，年均降水量为120mm，但蒸发量较大，年均蒸发量为2047mm；由于地区光照较强，其生物多样性较为丰富。

另外，黑河流域水资源的矛盾主要集中在中游主要市（区、县），也就是张掖市所辖区县的农业和工业生产消耗大量水资源。甘临高隶属张掖市，作为黑河流域经济较为发达且发展迅速的地区，其产业发展消耗大量水资源，占黑河流域总耗水的90%左右。长期以来，甘临高由于社会经济发展挤占了下游额济纳地区的来水，下游出现一系列生态问题。其产业用水直接影响到黑河流域每年实施的上游莺落峡和下游正义峡断面的配水方案。由此可见，黑河流域的产业发展需求与水资源短缺间的矛盾是目前迫切需要解决的科学与管理问题。

2.5 张掖黑河湿地国家级自然保护区概况

甘临高地区拥有张掖黑河湿地国家级自然保护区，是我国自然保护区覆盖的关键节点，也是西北地区生态保护的重要屏障。保护区管理局直属于张掖市人民政府，下设高台、甘州、临泽三个保护区管理局。保护区于1992年设立，原名为“高台县黑河流域自然保护区”；2011年，经国务院批准晋升为国家级自然保护区；2015年年底，国际湿地公约组织将张掖黑河湿地国家级自然保护区列入国际重要湿地名录。由于张掖黑河湿地的存在，甘临高地区是我国候鸟三大迁徙路径西部路径的中转站，生物多样性是其他西北内陆地区城市无法比拟的。

第3章 理论基础与方法体系

3.1 蓝绿水核算

蓝绿水资源的评价方法可分为统计分析和水文模型模拟两种方法。统计分析方法主要基于现有的观测或者统计数据，如蓝水资源量可以通过水文站点的径流量或者各级行政区县的水资源统计公报数据来估算，绿水资源量则可以通过不同作物生产干物质需要消耗的水资源量或者根据生态系统蒸散发总量来估算。其方法简单，计算精度高，但时空延续性差，尤其在观测资料匮乏的地区估算精度低。而水文模型模拟方法因其能模拟整个生态系统水循环过程，在时间和空间上能很好地弥补统计分析方法在时空延续性上不足的缺点，尤其在进行基于观测数据的模型参数率定后，水文模型模拟方法能够为蓝绿水资源评估带来较高精度，且能对未来水资源进行预估，因此被科学家广泛应用。流域水文模型则是蓝绿水模拟的常用模型之一。

蓝绿水资源核算需要在水文循环要素模拟的基础上对其进行蓝绿水划分再计算。根据蓝绿水的定义，蓝水包含水文模型模拟的地表地下径流及壤中流，绿水则可以通过计算土壤水补给量来核算，一般用模型模拟的土壤入渗减去壤中流和地下水补给量来计算。绿水资源储存于非饱和土壤中且最终被陆地生态系统以蒸散发的形式利用，因此绿水量也可以通过蒸散发总量来计算。通过土壤水补给量或者蒸散发总量来计算的绿水量在长时间尺度上差别很小，但在年内或者季节尺度上差别较大，其主要原因是土壤水储量受雨季和旱季影响，存在季节上的变化。两种绿水核算方法在水资源评估研究中均有广泛应用，基于土壤水补给量的绿水核算主要是从水资源角度来计算，而基于蒸散发总量的绿水核算则主要是从水资源消耗角度来计算。本书采用的是基于土壤水补给量的绿水核算方法。

本书蓝绿水资源模拟研究区域选取黑河流域中下游，其主要原因是黑河流域人类活动主要集中在中下游，上游受人类活动干扰小，为流域产水区域。黑河流域中下游蓝绿水时空分布特征及流动规律研究为人类活动主导的蓝绿水–虚拟水转化提供了数据和理论基础。

3.1.1 蓝绿水模拟模型

流域水文模型是蓝绿水模拟的常用方法之一。不同水文模型因模型自身特点各异，应用场景也有所不同。本书采用拥有地表水-地下水交互功能的分布式水文模型 GSFLOW 进行蓝绿水的模拟（Tian et al., 2015）。GSFLOW 模型是由美国地质调查局和美国内政部开发的一个地表水-地下水耦合模型。该模型考虑了气象条件、下垫面情况及地表水与地下水之间的相互作用关系，通常用于地表水和地下水交互频繁地区的水文循环过程模拟。黑河流域地处我国西北部干旱半干旱地区，中下游因雨水资源稀少，农业活动频繁，灌溉活动也十分频繁，地表水和地下水交互剧烈。与其他水文模型相比，GSFLOW 模型能更好地适应黑河流域的水文过程模拟。

为了更好地结合黑河流域实际情况来模拟流域蓝绿水资源量，本研究对 GSFLOW 模型进行了改进，增加了灌溉系统模拟、可变土地利用动态输入、土地利用变化模拟、胡杨分布和生长模拟、绿洲相互作用模拟等模块。

GSFLOW 模型由降水径流模拟系统 PRMS 和三维有限差分模型 MODFLOW 两部分组成。适用于不同空间尺度和时间尺度的模拟，以及评价土地利用变化、气候变化与地下水开采对地表水文过程和地下水文过程的影响。在 GSFLOW 模型中，PRMS 用以模拟二维地表水水文过程，MODFLOW 用以模拟三维地下水水文过程。在 PRMS 中，水文响应单元（HRU）是基本的计算单元，可以是规则的网格或者不规则的多边形，而在 MODFLOW 中，地下水模拟的基本单元是被离散成无数网格的有限差分单元。为了将 PRMS 中水文响应单元和 MODFLOW 中基本计算单元连接起来，GSFLOW 模型通过非饱和区水流模块（UZF1）和 MODFLOW 共同协作，定义了土壤和地下蓄水层之间的渗流区域，在渗流区域中的“重力蓄水池”把每个水文响应单元都精细化成一个储藏区，水文响应单元通过 MODFLOW 网格来交换下渗量、排泄量等信息并进行交互计算。GSFLOW 模型中河流和湖泊水文水资源循环分别通过径流汇流模块（SFR2）和湖泊模块（LAK3）来模拟。河流与地下水之间的连接关系以及河流与含水层之间水量交换是以达西定律（Darcy law）压头差为基础来计算的。

GSFLOW 模型本身不具备农业灌溉模块，无法模拟黑河流域大规模的灌溉活动对水文过程的影响。黑河流域灌溉一部分水资源来源于河道取水，另一部分来源于地下水抽水，为了模拟流域内灌溉引起的河道饮水、地下水抽水以及灌溉入渗过程，在 GSFLOW 模型中增加了灌溉模块，用以捕捉灌溉活动带来的水文过程影响。另外，本书在 GSFLOW 模型上还增加了胡杨分布和生长模拟模块，模拟胡杨林生长过程。胡杨是杨柳科杨属胡杨亚属的一种植物，耐寒、耐旱、耐盐碱、抗风沙，有很强的生命力，在黑河流域分布广泛。除此之外，模型还增加了动态植被输入模块，可以考虑植被变化对水文循环的影响，并且将

GSFLOW 模型原有的潜在蒸散发计算方法 Hamon 和 Jensen-Haise 公式改进成联合国粮食及农业组织推荐的 Penman-Monteith 方法。在驱动数据完整的情况下，Penman-Monteith 方法计算精度和稳定度优于其他方法。改进后的 GSFLOW 模型能更丰富、更准确地描述黑河流域生态水文过程。

3.1.2 蓝绿水核算

蓝绿水资源模拟框架包含水文过程模拟和蓝绿水资源核算两个部分。首先，在整个区域中运用 GSFLOW 模型模拟 1km 空间分辨率上每一个水文响应单元的水文过程及水文变量，包括降水、径流、蒸发、截流、地表径流、地下径流、地下水补给、毛细水等。随后，在基本水文变量模拟的基础上再进行蓝绿水核算。详细步骤如下：

1）首先利用水文模型模拟每个水文响应单元上的水文通量，模拟水文通量信息见图 3-1。

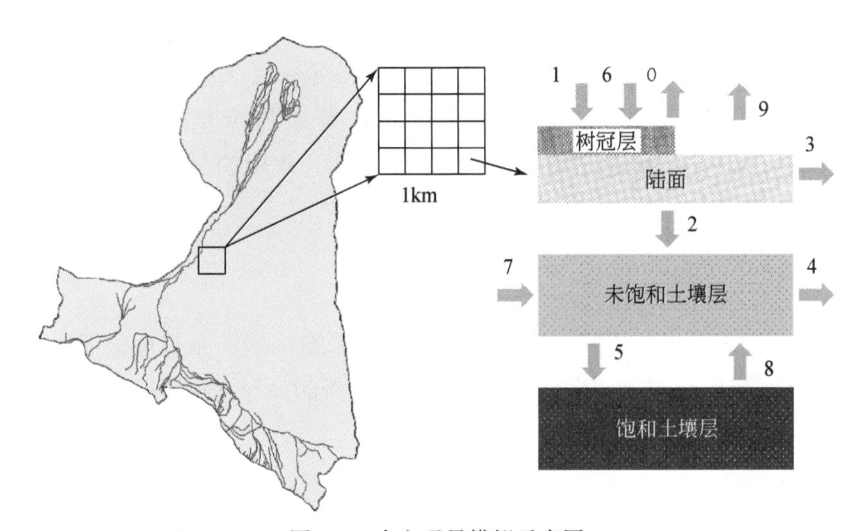

图 3-1　水文通量模拟示意图

0. 截流；1. 降水；2. 入渗；3. 地表径流；4. 地下径流；5. 地下水补给；6. 灌溉；7. 渠道渗漏；8. 毛细水；9. 蒸散发

2）将每个水文响应单元上模拟的土壤水补给量在时间尺度上求和，计算对应时间尺度上的绿水资源，该部分水资源储存于非饱和土壤中且最终被陆地生态系统利用，以蒸发蒸腾的形式返回大气。

3）蓝水资源则是将模型模拟的地表径流、壤中流和地下水补给量在时间尺度上求和来计算。

4）黑河流域为内陆河，所有流域的水资源均会以蒸发的形式返回大气，所以水资源的消耗可以简单地通过计算总蒸发量来获取，其中蓝水消耗量为来源于蓝水资源的蒸发总量，绿水消耗量为来源于绿水资源的蒸发总量。

5）在每个水文响应单元的蓝绿水资源及消耗量计算的基础上，通过空间不同尺度的求和即可得到对应尺度上的蓝绿水资源及消耗量。例如，把所有林地的水文响应单元上面的蓝水资源加合即可得到林地蓝水资源总量。

需要注意的是，本书在计算黑河流域水资源消耗量时只考虑了自然系统水资源消耗情况，即模型模拟的蒸散发总量，而没有考虑人类社会用水，如生活用水、工业用水、市政用水等。其主要原因是整个黑河流域人类社会用水总量极低，约占总用水量的5%左右。黑河流域水资源消耗主要用于农业灌溉。

3.1.3 绿水系数

蓝绿水资源均来源于降水，降水到达陆面后经降水分割过程，一部分成为径流，另一部分渗透到土壤中补充土壤水，从而形成了蓝水资源（径流性水资源）和绿水资源（土壤水补给）。为了更好地评价蓝绿水资源，Rockström 等于 1999 年提出了绿水系数（green water coefficient，GWC）的概念，用来评估绿水资源在总水资源量中的占比。绿水系数可以通过以下公式计算：

$$\mathrm{GWC} = \frac{G_{\mathrm{p}}}{B_{\mathrm{p}} + G_{\mathrm{p}}} \tag{3-1}$$

式中，B_{p} 和G_{p} 分别表示来源于降水的蓝水和绿水资源量。绿水系数反映了降水的分割比例，多应用于从水资源可用量或水资源供给角度来分析的蓝绿水评价研究。

3.1.4 蓝水消耗比例指数

绿水系数的提出为蓝绿水资源研究提供了水资源供给视角的评价方法。为了进一步完善蓝绿水资源评价体系，Mao 等（2019）提出了蓝水消耗比例指数（blue water consumption ratio，BWCR）。从水资源消耗角度来看，蓝水消耗比例指数反映了蓝水资源消耗量占总消耗量的比例，其计算公式为

$$\mathrm{BWCR} = \frac{B_{\mathrm{c}}}{B_{\mathrm{c}} + G_{\mathrm{c}}} \tag{3-2}$$

式中，B_{c}和G_{c}分别表示蓝水资源消耗量和绿水资源消耗量。蓝水消耗比例指数值越高，表示在水资源消耗总量中绿水资源的比例越高，即水资源消耗对蓝水资源的依赖度越高。

3.1.5 黑河流域蓝绿水评价数据来源与预处理

改进后的 GSFLOW 模型在模拟生态水文过程时需要多种输入数据的支持，主要可分为两类：模型设定数据和模型输入数据。模型设定数据主要用于模型基本参数的设定和下垫面基本信息的模型录入，包括 DEM 数据、土地覆盖/土地利用数据、土壤属性数据、归一化植被指数（normalized differential vegetation index，NDVI）、河网数据、灌溉数据、水文地质数据、地下水水井数据、地表水边界入流数据以及地下水边界入流数据等。这部分数据是模型定义地形、排水系统、边界条件和地下分割等的基础。模型输入数据包括来源于大气模型的网格气象数据、站点气象观测数据、河道引水数据和地下水抽水数据等。这部分数据用来驱动模型水文循环过程。本书用于模拟黑河流域生态水文过程的数据均来自黑河计划数据管理中心，详细的数据信息见表 3-1。

表 3-1　模拟输入数据信息

数据类型	数据名称	时间分辨率	空间分辨率
模型设定	DEM 数据	2000 年	90 m×90 m
	土地覆盖/土地利用数据	2000 年、2007 年、2011 年	1 : 100 000
	土壤属性数据	2012 年	1 km×1 km
	归一化植被指数	2000 ~ 2012 年（10 天）	1 km×1 km
	河网数据	2000 年	1 : 100 000
	灌溉数据	2006 年	1 : 100 000
	水文地质数据	2002 年	1 : 500 000
	地下水水井数据	多种时间尺度	257 个点位
	地表水边界入流数据	2000 ~ 2012 年（日尺度和月尺度）	15 个点位
	地下水边界入流数据	2000 ~ 2012 年（年尺度）	边界网格尺度
模型输入	网格气象数据	2000 ~ 2012 年（6h）	3 km×3 km
	站点气象数据	2000 ~ 2012 年（日尺度）	19 个点位
	河道引水数据	2000 ~ 2012 年（月尺度）	46 个区块
	地下水抽水数据	2000 ~ 2012 年（年尺度）	46 个区块

模型使用的数据量较大且在时间和空间尺度上各有差异，在数据使用前需要对数据进行预处理，包括空间和时间上数据的匹配。在模型初始化设置时，沟渠和河网会首先被分配到每一个水文响应单元。DEM 数据、土地覆盖/土地利用数据、归一化植被指数和土壤属性数据会根据模型降水-径流模块的空间分辨率进行相应的升尺度或者降尺度，最后和模型地表水文过程模拟的空间分辨率匹配。水文地质数据、地下水水井数据等信息则会直接分配到 GSFLOW 模型中的地下水模拟模块的最小模拟单元上。

3.2 虚拟水核算

虚拟水是指直接或间接蕴含在商品与服务生产过程中的水资源消耗量。虚拟水核算，是从社会经济系统的角度出发，通过贸易和消费联合各生产部门和各消费部门进行的。目前，虚拟水核算主要基于投入产出模型进行。投入产出模型主要包括单区域投入产出模型和区域间投入产出模型。其中，区域间投入产出模型是单区域投入产出模型的拓展，它能够更好地表征各区域与各经济部门的关联性。

投入产出表是驱动投入产出模型的关键，其编制方法可分为三种：调查编表法、非调查编表法以及混合编表法。由于调查编表法需要消耗巨大的财力物力，非调查编表法迅速兴起。本节主要介绍了引力模型（gravity model）法和双比例尺度法（biproportional scaling method，也称 RAS 法）这两种具有代表性且运用较为广泛的非调查编表方法。

此外，针对本书的研究内容，本节还详细介绍了黑河流域单区域投入产出表、黑河流域甘临高地区与外部区域间投入产出表以及黑河上中下游流域间投入产出表的编制方法与数据来源及预处理。

3.2.1 投入产出模型

1. 单区域投入产出模型

(1) 单区域投入产出模型基本形式

单区域投入产出模型按照对进口的不同处理方法可分为两类：第一类假定进口产品和国内同类产品可以相互替代，称为进口竞争型投入产出表，其特点是进口项以列的形式表示（表 3-2）。第二类假定进口产品和国内同类产品的性能不同，不能相互替代，称为进口非竞争型投入产出表，该模型需要单独研制进口矩阵，以区分进口产品和国内产品，即将进口竞争型投入产出表的进口单列分配到按部门和最终使用安排的各个明细列中（表 3-3）。

表 3-2　单区域进口竞争型投入产出表

投入＼产出		中间需求				最终需求				进口	总产出
		部门 1	部门 2	…	部门 n	居民消费	政府消费	资本形成总额	出口		
中间投入	部门 1	Ⅰ z_{ij}				Ⅱ f_i			e_i	m_i	x_i
	部门 2										
	……										
	部门 n										
增加值		Ⅲ v_j				Ⅳ					
总投入		x_j									

注：表 3-2 中 i 代表行部门，j 代表列部门；z_{ij} 为第 j 部门所需要的第 i 部门的中间投入；f_i 为第 i 部门的国内最终消费；e_i 为第 i 部门的出口值；m_i 为第 i 部门的进口值；x_i 为第 i 部门的总产出，x_j 为第 j 部门的总投入，$x_i=x_j$；v_j 为第 j 部门的增加值总和；Ⅰ、Ⅱ、Ⅲ、Ⅳ分别为第一、第二、第三、第四象限。

表 3-3　单区域进口非竞争型投入产出表

投入＼产出		中间需求				最终需求				总产出
		部门 1	部门 2	…	部门 n	居民消费	政府消费	资本形成总额	出口	
内部中间投入	部门 1	$z_{ij}-m_{ij}$				$f_i - m_i^f$			e_i	x_i
	部门 2									
	…									
	部门 n									
进口中间投入	部门 1	m_{ij}				m_i^f			m_i^e	m_i
	部门 2									
	…									
	部门 n									
增加值		v_j								
总投入		x_j								

注：表 3-3 中 m_{ij} 为国内第 j 部门从国外第 i 部门的进口量；m_i^f 为满足国内最终消费而从国外第 i 部门进口的量；m_i^e 为从国外第 i 部门进口而又被出口的量。

从表 3-2 和表 3-3 可以看出，投入产出表可以分为四个象限：①第一象限由中间投入和中间需求两部分组成，形成一个矩阵。水平方向表示某经济部门生产的产品满足各经济部门中间需求的情况，反映的是该经济部门生产产品的使用去向或流向。垂直方向表示某经济部门生产产品需要各经济部门的中间投入情况，反映的是该经济部门对各经济部门产品的消耗。因此，第一象限描述的是经济部门间的投入产出关系，称为中间消耗关系矩阵，用 z_{ij} 表示，即第 j 部门对第 i 部门产品的直接消耗量。②第二象限称为最终需求矩阵，反映的是各经济部门生产的产品作为不同最终需求的使用情况。最终需求包括内部消费和出口，其中内部消费包括居民消费（农村和城镇）、政府消费和资本形成总额。用 f_{ik} 表示，即第 i 部门的产品作为第 k 类最终需求的使用情况。③第三象限称为最终投入矩阵或增加值矩阵，反映的是各经济部门不同增加值类型的数额。增加值包括固定资产折旧、从业人员报酬、生产税净额和营业盈余，用 v_j 表示，即第 j 部门的增加值数额。④第四象限反映的是国民收入再分配情况，目前编制的投入产出表一般不考虑该象限。

（2）单区域投入产出模型基本公式

本书采用的是单区域进口竞争型投入产出表，因此只对其进行详细解释。

如表 3-2 所示，对于进口竞争型投入产出表可以写出如下公式：

$$x_i = \sum_{j=1}^{n} z_{ij} + f_i + e_i - m_i$$

$$y_i = f_i + e_i \tag{3-3}$$

式中，y_i 为第 i 部门的最终需求。其中 m_i 按照表 3-2 可以写为 $m_i = m_{ij} + m_i^f + m_i^e$。

在不考虑进口情况下，对式（3-3）求解并以矩阵形式表示为

$$\boldsymbol{x} = (\boldsymbol{I} - \boldsymbol{A})^{-1}\boldsymbol{y} \tag{3-4}$$

式中，$\boldsymbol{x}$ 为各经济部门的总产出向量；$\boldsymbol{A}$ 为技术系数矩阵，反映的是某经济部门生产单位产品对其他相关经济部门产品的直接消耗；$\boldsymbol{y}$ 为最终需求向量，包括居民消费（农村和城镇）、政府消费、资本形成总额以及出口；$\boldsymbol{I}$ 为单位矩阵；$(\boldsymbol{I}-\boldsymbol{A})^{-1}$ 为 Leontief 逆矩阵。

2. 区域间投入产出模型

区域间投入产出模型是在单区域投入产出模型的基础上构建的跨区域投入产出模型，能够系统全面地表征各区域和经济部门间的经济关联（表 3-4）。对于 r 个区域的经济体，区域间投入产出模型的矩阵形式可以表示为

$$\begin{bmatrix} x^1 \\ \vdots \\ x^p \\ \vdots \\ x^r \end{bmatrix} = \begin{bmatrix} A^{11} & \cdots & A^{1p} & \cdots & A^{1r} \\ \vdots & \ddots & \vdots & & \vdots \\ A^{p1} & \cdots & A^{pp} & \cdots & A^{pr} \\ \vdots & & \vdots & \ddots & \vdots \\ A^{r1} & \cdots & A^{rp} & \cdots & A^{rr} \end{bmatrix} \begin{bmatrix} x^1 \\ \vdots \\ x^p \\ \vdots \\ x^r \end{bmatrix} + \begin{bmatrix} y^{11} + \sum_{q \neq 1} y^{1q} \\ \vdots \\ y^{pp} + \sum_{q \neq p} y^{pq} \\ \vdots \\ y^{rr} + \sum_{q \neq p} y^{rq} \end{bmatrix} \tag{3-5}$$

式中，$\boldsymbol{A}$ 为技术系数矩阵，主对角矩阵为各区域内部中间需求矩阵，非对角矩阵显示了不同区域间的中间产品贸易。例如，在区域 1，A^{11} 是区域 1 内部中间需求矩阵，$A^{21} \cdots A^{p1} \cdots A^{r1}$ 是其他地区（区域 2 ~ 区域 p）向区域 1 投入的中间产品。$A^{12} \cdots A^{1p} \cdots A^{1r}$ 为区域 1 向其他地区产出的中间产品。$y^{pp} + \sum_{q \neq p} y^{pq}$ 为区域 p 的最终消费，其中 y^{pp} 表示区域内部最终消费向量，$\sum_{q \neq p} y^{pq}$ 为从区域 p 到区域 q 的最终产品输出的总和。

表 3-4 区域间投入产出表

<table>
<tr><th colspan="3" rowspan="3">产出
投入</th><th colspan="9">中间需求</th><th colspan="7">最终需求</th><th rowspan="3">出口</th><th rowspan="3">总产出</th></tr>
<tr><th colspan="4">区域 1</th><th>…</th><th colspan="4">区域 R</th><th colspan="3">区域 1</th><th>…</th><th colspan="3">区域 R</th></tr>
<tr><th>部门 1</th><th>部门 2</th><th>…</th><th>部门 n</th><th>…</th><th>部门 1</th><th>部门 2</th><th>…</th><th>部门 n</th><th>居民消费</th><th>政府消费</th><th>资本形成总额</th><th>…</th><th>居民消费</th><th>政府消费</th><th>资本形成总额</th></tr>
<tr><td rowspan="10">中间投入</td><td rowspan="4">区域 1</td><td>部门 1</td><td colspan="9" rowspan="9">Z_{ij}^{pq}</td><td colspan="7" rowspan="9">f_i^{pq}</td><td rowspan="9">e_i^p</td><td rowspan="9">x_i^p</td></tr>
<tr><td>部门 2</td></tr>
<tr><td>…</td></tr>
<tr><td>部门 n</td></tr>
<tr><td>…</td><td>…</td></tr>
<tr><td rowspan="4">区域 R</td><td>部门 1</td></tr>
<tr><td>部门 2</td></tr>
<tr><td>…</td></tr>
<tr><td>部门 n</td></tr>
<tr><td colspan="2">进口</td><td colspan="9">m_i^q</td><td colspan="9" rowspan="3"></td></tr>
<tr><td colspan="3">增加值</td><td colspan="9">v_i^q</td></tr>
<tr><td colspan="3">总投入</td><td colspan="9">x_j^q</td></tr>
</table>

对于任意区域 p 其总产出可表示为内部中间需求和外部中间需求矩阵，以及内部最终需求和外部最终需求矩阵之和：

$$x^p = Z^{pp} + \sum_{q \neq p} Z^{pq} + y^{pp} + \sum_{q \neq p} y^{pq} \tag{3-6}$$

3.2.2 投入产出表的编制方法

我国从 1987 年开始每五年制作一张价值型单区域投入产出表（目前可获得的数据是 2012 年国家 122 部门以及 42 部门的投入产出表）；各省级行政区为配合国家投入产出表的制作也同步生成了省级投入产出表；并且在国家和省级尺度不定期编制投入产出表的延长表（如 2005 年和 2010 年投入产出表）。但对于任何其他人为划分的经济区以及流域片区没有官方组织编制投入产出表。本书涉及流域和流域内县域尺度的研究，为此需要在已有投入产出数据的基础上进行投入产出表的编制工作。

一般区域投入产出表的编制方法可分为三种：调查编表法、非调查编表法以及混合编表法。调查编表法通过调查工业部门和消费部门搜集与获取的第一手数据资料来制作投入产出表。我国和各省级同步表的编制采用的是调查编表法。而组织专门人力物力编制一张调查型投入产出表的成本巨大，通常的区域研究既缺乏应有的资料也无法负担高额的成本，导致非调查编表法于20世纪六七十年代应运而生并得以快速发展。非调查编表法通过已有的投入产出表（通常是国家表）的数据生成区域投入产出表。目前有两类常见的非调查编表法，第一是熵（quotient）法，包括引力模型法、区位熵法等；第二是RAS法，由Stone于1961年提出。但是单纯使用熵法编制投入产出表其准确性受到很多质疑，因此将调查资料与非调查编表法估算值相结合的混合编表法由此产生。混合编表法由于比非调查编表法准确且比调查编表法节省成本，是目前认为最佳的区域表编制方法。

（1）引力模型法

编制区域间投入产出表需要估算区域间不同经济部门的贸易流。引力模型（gravity model）是最常用的一种估算贸易流的方法，其本质是一种熵法。引力模型的基本原理是假设产品在不同区域间进行流通时，不仅受到各区域需求的“引力”影响，同时受到各区域间距离的“阻力”影响。因此引力模型的基本形式可表达为

$$t_i^{rs} = \frac{x_i^r x_i^s}{(d^{rs})^{e_i}} q_i^{rs} \tag{3-7}$$

式中，t_i^{rs}为部门i生产的产品从区域r到区域s的贸易量；x_i^r为区域r部门i的总产出；x_i^s为区域s部门i的总产出；d^{rs}为区域r和区域s之间的距离；q_i^{rs}为摩擦系数，反映的是部门i从区域r到区域s的贸易参数。

引力模型变量参数的确定过程较为复杂，一般的方法是在数据调研的基础上通过回归方法进行求解。

（2）双比例尺度法

双比例尺度法也称为RAS法，是投入产出表编制方法中最具代表性且应用最为广泛的非调查编表方法，有效弥补了非编表年份（如我国逢二逢七年份才编制投入产出表）投入产出表数据的缺乏。其基本原理是利用目标年中间需求或中间投入作为控制数据，找出一套行调整系数矩阵（$\boldsymbol{R}$）去调整基年的直接消耗系数矩阵（$\boldsymbol{A}$）的各行元素，同时找到一套列调整系数矩阵（$\boldsymbol{S}$）去调整直接消耗系数矩阵的各列元素，最终使调整的直接消耗系数总量等于控制数据。因此，RAS法可表示为

$$\boldsymbol{A}^U = \hat{\boldsymbol{R}} \cdot \boldsymbol{A}^0 \cdot \hat{\boldsymbol{S}} \tag{3-8}$$

式中，$\boldsymbol{A}^U$为目标年直接消耗系数矩阵；$\hat{\boldsymbol{R}}$为行调整系数所构成的对角矩阵；$\boldsymbol{A}^0$为基年直接消耗系数矩阵；$\hat{\boldsymbol{S}}$为列调整系数所构成的对角矩阵。如果求解过程需要经过n次行列调整，则$\hat{\boldsymbol{R}}=\hat{\boldsymbol{R}}^1\hat{\boldsymbol{R}}^2\cdots\hat{\boldsymbol{R}}^n$，$\hat{\boldsymbol{S}}=\hat{\boldsymbol{S}}^1\hat{\boldsymbol{S}}^2\cdots\hat{\boldsymbol{S}}^n$。

3.2.3 黑河流域投入产出表编制

1. 黑河流域单区域投入产出表编制

黑河流域的边界与其流经的三个省（自治区）行政边界不一致，而中国的投入产出表

通常是根据行政边界来编制的。因此，为满足研究需要，我们仅编制了每个省（自治区）位于黑河流域内区域的投入产出表。在已有研究中，编制投入产出表主要有三种方法：调查编表方法、非调查编表法、混合编表法（Miller and Blair，2009）。非调查编表法由于较低的成本与劳动力需求而被广泛使用，这种方法通常使用区位熵技术，利用部门详细信息中的经济数据来调整技术系数，以反映研究区域内各个部门的规模（Feng et al.，2012）。

本书使用了名为“生成区域投入产出表”（GRIT）的非调查编表法。GRIT 法最初是由 Jensen 等（2017）为得到澳大利亚各区域的投入产出交易表开发的。它使用基于非调查的可变干扰表，通过一系列变换从国家矩阵中得到区域系数（Bonfiglio，2005）。GRIT 法有优点也有缺点：一方面只要达到所需最小数据量就可以得到任何区域的交易表；另一方面由于它是一种非调查方法，其准确性存在一定争议。但是，使用 GRIT 法的目的是得出一个在整体而非局部准确的投入产出表（即对于正在研究的整个区域来说是准确的，但对于整个区域的特定产品或子区域来说不一定都是准确的），而这种精度完全能满足本书的研究目标。因此，本书使用 GRIT 法得到黑河流域的投入产出交易。GRIT 法由 15 个步骤组成，分为 5 个阶段（表 3-5）。这种方法灵活性极高，因为它允许分析人员选择不同的程序组件组合，或者用可以产生相似结果的不同算法来替换任何步骤。

表 3-5　GRIT 法步骤

阶段	步骤	具体内容
A. 选择和调整国家投入产出表	1	选择一个国家的投入产出表
	2	最新优质数据的调整
	3	国际贸易的调整
B. 调整区域进口	4	计算非竞争性进口
	5	计算竞争性进口
C. 确定区域部门	6	插入高质量的分解数据
	7	行业汇总
	8	插入汇总数据
D. 标准交易表的拓展	9	拓展初始交易表
	10	手动或迭代地调整以得到标准表
	11	当得到标准表后进行汇总
	12	推导标准表的 Leontief 逆矩阵和乘数
E. 最终交易表的拓展	13	插入最终数据并进行其他调整
	14	推导最终交易表
	15	计算最终表的 Leontief 逆矩阵和乘数

资料来源：Bonfiglio（2005）。

现有的基本数据包括中国以及黑河流域内三个省级行政区域（即甘肃、青海和内蒙古）的投入产出交易表。这些表格包含1997年40个部门的数据以及2002年和2007年42个部门的数据。1997年的投入产出表包括1个农业部门、26个工业部门和13个服务业部门，而2002年和2007年的投入产出表包括1个农业部门、25个工业部门和16个服务业部门。通过汇总全国和省级投入产出表中40个或42个部门的数据，本书编制了黑河流域仅包括农业、工业和服务业三类部门的投入产出交易表。

用于编制投入产出交易表的关键因素是技术系数（A_T），总产出（x），最终需求（i 和 ex）和进口（im）。根据 Zhao 等（2010）和 Feng 等（2012）的方法，本书首先得出黑河流域1997年40个部门和2002年、2007年42个部门的总产出（x）。

甘肃、青海和内蒙古仅有部分区域在黑河流域内（表3-6）。因此，黑河流域的总产出只与各省（自治区）属于黑河流域的地区的产出有关。由于没有相关的统计数据，本书计算了黑河流域内各省（自治区）（X^{PinH}）的总产出，如下：

$$X^{\mathrm{PinH}} = r \cdot X^{\mathrm{P}} \tag{3-9}$$

式中，X^{P}为各省（自治区）的总产出；r 为各省（自治区）在黑河流域内地区的总产出（X^{PinH}）与各省（自治区）X^{P}之比，本书使用 GDP 代替实际产出来计算。对于任何省（自治区），r 的计算如下：

$$r = \frac{X^{\mathrm{PinH}}}{X^{\mathrm{P}}} = \frac{G^{\mathrm{PinH}}}{G^{\mathrm{P}}} \tag{3-10}$$

式中，G^{PinH}为各省（自治区）在黑河流域内地区的 GDP；G^{P}为各省（自治区）的总 GDP。

然后，本书收集了使用县级数据汇总的黑河流域内三个省（自治区）的三个部门（农业、工业和服务业）的 GDP 数据。对于仅部分位于流域内的地区，我们根据该地区在流域内的总面积比例，计算出其应分配给流域的 GDP 比例，并使用该值代替 r 值进行后续计算。在此基础上，黑河流域的总产量可量化为

$$X^{\mathrm{H}} = \sum_{k=1\sim3} x_k^{\mathrm{PinH}} \tag{3-11}$$

式中，k 为黑河流域内的省份个数。

表3-6总结了各省（自治区）的面积，各省（自治区）内黑河流域的面积比例以及用于计算各省（自治区）的 X^{PinH} 的 X^{P} 值。

表3-6　黑河流域内各省（自治区）的面积和总产出

省（自治区）	面积/10^3 km^2	省（自治区）内黑河流域的面积/10^3 km^2	2007年省（自治区）总产出/10^9美元	2007年省（自治区）内黑河流域总产出/10^9美元
内蒙古	1183.0	70.7	187.2	25.65
甘肃	453.7	61.8	88.7	12.15
青海	722.3	10.4	25.6	3.51
合计	2359.0	142.9	301.5	41.31

注：可参阅文献 Liu（2018）以获取数据源和计算的描述。

将黑河流域的总产出细分到具体的部门。为此，本书假设各省（自治区）每个部门的产出占各省（自治区）在黑河流域内地区的总产出（X^{PinH}）的份额等于占各省（自治区）总产出（X^{P}）的份额。然后可以通过合并每个部门的详细分类结果来计算黑河流域的总产出。

黑河流域的技术系数（A_{T}）可以通过区位熵的方法通过以下公式得出：

$$a_{ij}^{\mathrm{H}} = \begin{cases} a_{ij}^{\mathrm{N}} \mathrm{LQ}_{ij}, & \text{若 } \mathrm{LQ}_{ij} < 1 \\ a_{ij}^{\mathrm{N}}, & \text{若 } \mathrm{LQ}_{ij} > 1 \end{cases} \tag{3-12}$$

式中，a_{ij}^{H}为黑河流域投入产出表中 i 部门（行）和 j 部门（列）的技术系数；a_{ij}^{N}为对应国家（中国）的技术系数，可以通过中国的投入产出交易表获得；LQ_{ij}为区位熵。

本书选用 Flegg 的区位熵数法（FLQ）进行区位熵计算，计算公式为

$$\mathrm{FLQ}_{ij} = \frac{X_i^{\mathrm{H}} / X_j^{\mathrm{H}}}{X_i^{\mathrm{N}} / X_j^{\mathrm{N}}} \cdot \lambda^* \tag{3-13}$$

式中，X_i^{N}和X_j^{N}可以通过中国的投入产出交易表得到，表示由采购部门 j 消耗的供应部门 i 的国民经济产出；X_i^{H}和X_j^{H}表示黑河流域相应的经济产出；λ^* 为调整系数，其计算公式为

$$\lambda^* = \{\log_2[1 + (X^{\mathrm{H}} / X^{\mathrm{N}})]\}^{\delta}, \quad 0 \leqslant \delta \leqslant 1 \tag{3-14}$$

式中，δ 为与区域大小有关的参数。根据 Flegg 和 Webber（1997），本书令 $\delta=0.3$。

在已知 A 和 x 的情况下，可以通过式（3-4）得出特定部门的最终需求（i）。特定部门的进口（im）可以使用计算总产出（x）的相同方法得出。然后使用 RAS 法迭代地配平投入产出交易表（列的总输出等于行的总输出）（Miller and Blair，2009）。

需要汇总配平后的投入产出表以对应可用的用水量数据。由于无法获得特定行业的用水量数据，本书将投入产出表汇总为可获得用水量数据的三个综合部门（农业、工业和服务业）。基于投入产出模型的行和列，初始投入产出表的总和与三个综合部门中各细化部门的中间消耗与最终需求的总和必须相等。

2. 黑河流域甘临高地区与外部区域间投入产出表编制

（1）方法

为研究区域间实体水-虚拟水转化规律，需要将甘临高单区域研究拓展为甘临高与其他区域的区域间虚拟水贸易关系研究。为此本书基于 2007 年中国区域间投入产出表，估算甘临高与其他区域间经济关联，从而构建包含甘临高的区域间投入产出表。由于甘临高位于甘肃，将中国省间投入产出表中的甘肃中间使用和最终使用分别拆分为四组矩阵：甘临高内部、非甘临高内部、甘临高向非甘临高输出、非甘临高向甘临高输出（图 3-2）。

最终获得我国包含31个区域，每个区域30个部门的区域间投入产出表，该表由930×930的中间投入矩阵和930×155的最终需求矩阵组成，具体的投入产出表构建过程如下。

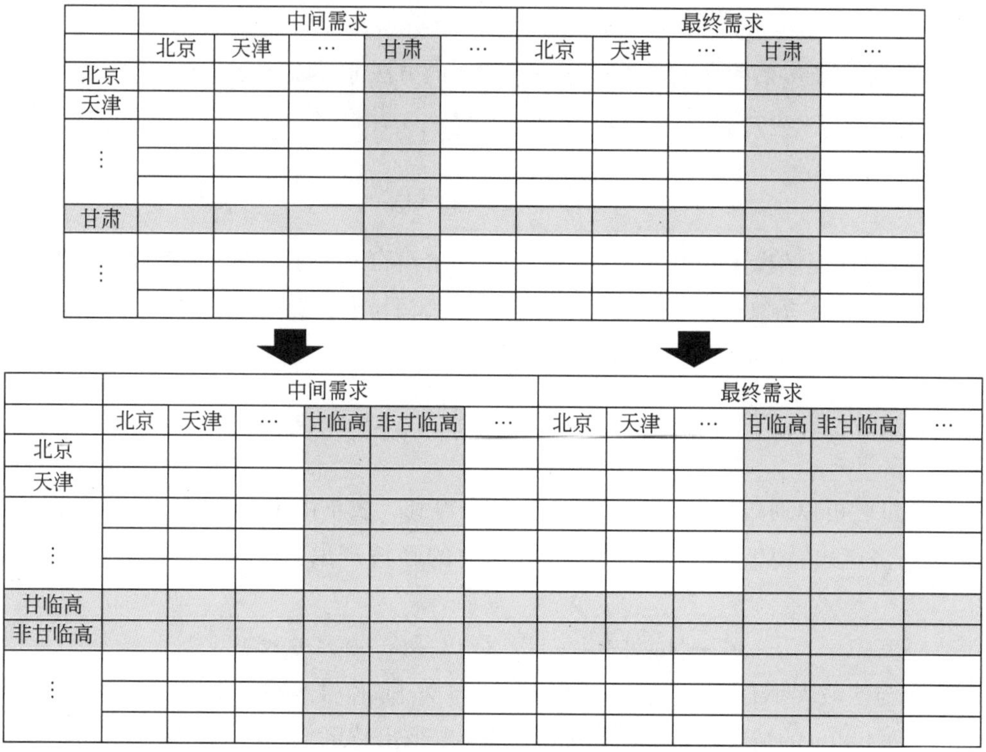

	中间需求					最终需求				
	北京	天津	…	甘肃	…	北京	天津	…	甘肃	…
北京										
天津										
⋮										
甘肃										
⋮										

	中间需求						最终需求					
	北京	天津	…	甘临高	非甘临高	…	北京	天津	…	甘临高	非甘临高	…
北京												
天津												
⋮												
甘临高												
非甘临高												
⋮												

图3-2　甘临高区域间投入产出表构建框架

首先，通过引力模型法核算甘临高和非甘临高间的贸易量。对式（3-7）取对数形式，采用以下公式估算区域间的贸易量：

$$\ln t_i^{rs} = \alpha_1 + \alpha_2 \ln x_i^r + \alpha_3 \ln x_i^s - \alpha_4 \ln d^{rs} + \varepsilon \tag{3-15}$$

式中，t_i^{rs}为区域r的部门i向区域s的输出量；x_i^r为区域r部门i的总产出；x_i^s为区域s对部门i的总需求；d^{rs}为区域r到区域s的距离；α_1、α_2、α_3、α_4分别为相应变量的系数；ε为虚变量，通常取1。

从2007年中国30个省（自治区、直辖市）区域间投入产出表可以提取已知30个省（自治区、直辖市）的输出量、总产出、总需求以及距离，代入式（3-15），建立多元回归模型，求解系数α_1、α_2、α_3、α_4。通过甘临高和甘肃的统计年鉴预测甘临高和非甘临高分部门的总产出、总需求，同时获得甘临高和非甘临高间的距离，通过系数求解甘临高与非甘临高间分部门的贸易量。

其次，通过以上计算获得拆分后的四组矩阵的行和与列和，采用RAS法获得具体的拆分矩阵（Miller and Blair, 2009）。对于任意拆分矩阵 $\mathbf{Z}$，已知其列和 $\boldsymbol{u}$（$u_i = \sum_{j=1}^{n} z_{ij}$）和行和 $\boldsymbol{v}$（$u_i = \sum_{j=1}^{n} z_{ij}$），其向量形式表示为 $\boldsymbol{u} = \begin{bmatrix} u_1 \\ \vdots \\ u_n \end{bmatrix}$ 和 $\boldsymbol{v} = \begin{bmatrix} v_1 \\ \vdots \\ v_n \end{bmatrix}$。对于甘临高地区，通过2012年甘临高单区域投入产出表可以获得基准矩阵 $\mathbf{Z}_0$ 和研究年的矩阵 $\boldsymbol{u}_1$、$\boldsymbol{v}_1$ 和 $\boldsymbol{x}_1$，对于非甘临高地区采用甘肃2007年单区域投入产出表获得基准矩阵 $\mathbf{Z}_0$ 和研究年的矩阵 $\boldsymbol{u}_1$、$\boldsymbol{v}_1$ 和 $\boldsymbol{x}_1$，再通过RAS法计算出目标年的矩阵 $\mathbf{Z}_1$。具体过程就是通过对 $\boldsymbol{u}_1$ 和 $\boldsymbol{v}_1$ 进行迭代与调整，最终获得稳定的矩阵 $\mathbf{Z}_1$。

本书采用一种改进的RAS法，即GRAS法以提高迭代计算 $\boldsymbol{u}$ 和 $\boldsymbol{v}$ 的准确性。GRAS法是1988年由Günlük-Senesen和Bates提出的，并获得了广泛应用。GRAS法的迭代过程简单，且不受数据正负的限制。Temurshoev等（2013）在此基础上对GRAS法做了进一步改进。此前，GRAS法仅能处理至少有一行或一列只含负数和零的矩阵，现在此方法可以广泛应用于大尺度的投入产出数据。GRAS法的详细介绍可参考Temurshoev等（2013），其在Matlab软件中的编程可以在网上获得（http：//www. mathworks. com/matlabcentral/fileexchange/43231-generalized-ras--matrix-balancing-updating--biproportional-method/content/gras. m）。

最后，按照甘肃和甘临高单区域投入产出表，结合引力模型估算出甘临高和非甘临高贸易量，确定甘临高和非甘临高以外地区分部门的输入和输出总量。对于不同的输出和输入地区，采用相同比例进行分配，获得甘临高和非甘临高与外部地区分部门的输入和输出流量。

（2）数据来源与预处理

本书数据包括2007年中国30个省（自治区、直辖市）区域间投入产出表、2007年甘临高和中国30个省（自治区、直辖市）的经济部门蓝水耗水量、甘临高地区2012年投入产出表。甘临高地区2012年投入产出表来源详情见3.3.1.5节。本书假设2011年与2012年甘临高各行业间耗水比例以及耗水量相同，从而推测2012年甘临高各行业耗水数据。本书同时假设2007年与2012年的单位总产出蓝水耗水量相同，从而根据2007年与2012年各行业总产出的比例估算得到甘临高2007年行业耗水量数据。该假设没有考虑行业节水效果，因此对蓝水耗水量估算偏高，未来如果能够获得更准确数据应对结果进行调整。本章目标主要是建立实体水-虚拟水区域间转化框架，数据的误差对这一目标影响不大。2007年中国30个省（自治区、直辖市）区域间投入产出表来源于中国科学院地理科学与资源研究所。2007年30个省（自治区、直辖市）分部门用水数据来源于各省（自治区、直辖市）的水资源公报以及《中国经济普查年鉴2008》。根据30个部门的用水数据，将甘临高投入产出表中的42个部门合并成相应的30个部门。

本书采用GEPIC模型模拟中国农作物的蓝水耗水量和绿水耗水量。模型需要的气象数据来源于WFDEI（http://www.eu-watch.org/data_availability）；土壤属性数据来源于ISRIC-WISE国际土壤数据集（http://www.isric.org）；土地覆盖/土地利用数据来源于MIRCA2000全球月尺度灌溉和雨养作物的空间分布数据（https://www.uni-frankfurt.de/45218023/MIRCA）。模型计算方法详见3.3.2.3节。

基于上述构建的甘临高与外部区域间的投入产出表以及分部门蓝绿水耗水量数据，采用3.3.2节构建的多区域蓝绿水-虚拟水转化定量评价方法，计算分析结果。

3. 黑河上中下游流域间投入产出表编制

（1）方法

根据黑河流域11个市（县、区、旗）的单区域投入产出表编制黑河上中下游流域间投入产出表。具体可分为以下步骤。

第一，已获得的黑河流域11个市（县、区、旗）的投入产出表没有区分流出［各市（县、区、旗）向国内其他地区以及国外出口产品量］以及流入［各市（县、区、旗）从国内其他地区以及国外进口产品量］，仅包含净流出项（流出减流入）。为此根据本书编制的2007年包含甘临高在内的中国31个区域间的投入产出表以及2012年甘肃、青海和内蒙古三个省（自治区）的单区域投入产出表中的流入、流出两项之间的比例关系，逐步确定黑河流域11个市（县、区、旗）48个部门的流入、流出项的比例关系。表3-7显示了分解后黑河中游各市（县、区）流出和流入值。

第二，将各市（县、区、旗）的进口竞争型投入产出表转化为进口非竞争型投入产出表，即将上述分解出的进口列分配到各部门中间和最终使用矩阵的各项之中，从而生成单独的进口矩阵。进口矩阵包含中间和最终使用，其计算公式为

$$m_{ij} = z_{ij} \cdot \frac{m_i}{m_i + x_i} \tag{3-16}$$

$$mf_i = f_i \cdot \frac{m_i}{m_i + x_i} \tag{3-17}$$

式中，m_{ij}为本地区j部门为满足中间使用需要从外部i部门的输入量；mf_i为本地区为满足最终使用需求从外部i部门的输入量；z_{ij}为中间使用；f_i为i部门最终使用；m_i为i部门的输入量；x_i为i部门的总产出。

第三，采用引力模型法确定11个市（县、区、旗）之间的贸易量。引力模型法最基本的形式是认为两区域间的贸易量与两区域间的距离成反比，由于本书各市（县、区、旗）间距离较近，按照3.2.3.2节的方法应用省间距离关系推导出的系数进行计算不尽合理。因此本书采用引力模型法的另一种形式进行计算。

表3-7　黑河流域中游各市（县、区）进口、出口分解值　　（单位：万元）

编号	经济部门	甘州区		临泽县		高台县		酒泉市		民乐县		嘉峪关市		山丹县		肃南裕固族自治县	
		出口	进口	出口	进口	出口	进口	出口	进口	出口	进口	出口	进口	出口	进口	出口	进口
1	小麦	78 599	36 469	967	497	14 079	6 533	1 349	626	33 913	15 735	363	15 930	20 404	9 467	261	127
2	玉米	151 485	70 288	26 337	5 108	31 082	14 422	2 263	1 050	6 087	2 824	585	25 673	1 768	820	283	68
3	油料	118 226	54 856	528	262	3 160	1 466	1 059	491	8 006	3 715	92	4 040	34 813	16 153	90	59
4	棉花	3 172	1 472	299	59	3 301	1 532	1 369	635	0	0	0	0	0	0	0	0
5	水果	102 101	47 374	7 727	1 614	12 877	5 975	7 422	3 444	8 558	3 971	984	43 184	605	1 347	409	248
6	蔬菜	221 237	102 652	27 872	4 859	92 943	43 125	12 116	5 622	979	454	15 096	662 502	3 234	1 501	1 015	713
7	其他农业	864 971	401 339	112 602	21 586	146 259	67 863	41 777	19 384	193 285	89 682	13 631	598 198	72 859	33 806	199	3 990
8	煤炭开采和洗选业	264	17 163	266	17 281	83 128	8 406	3 654	237 397	216	14 041	0	386 423	0	16 410	71 172	167
9	石油和天然气开采业	0	542 004	0	62 649	0	71 124	0	1 182 034	0	65 174	0	1 430 987	0	55 934	0	47 647
10	金属矿采选业	148 339	17 691	57 581	6 867	0	29 280	235 427	28 077	4 207	22 652	4 082	579 602	3 848	20 037	142 855	17 037
11	非金属矿及其他矿采选业	724	2 647	132	3 824	2 295	2 223	317 640	6 743	342	3 738	0	78 696	0	3 577	9 058	300
12	食品制造及烟草加工业	1 665 232	926 749	334 635	186 234	356 482	198 392	97 743	781 292	204 224	113 657	36 436	958 218	30 742	17 109	0	32 316
13	纺织业	0	21 418	0	2 476	0	2 811	0	46 373	0	2 575	0	51 270	0	2 210	0	1 883
14	纺织服装鞋帽皮革羽绒及其制品业	0	116 779	0	13 498	0	15 324	0	254 873	0	14 042	1 282	309 558	0	12 051	0	10 266

续表

编号	经济部门	甘州区		临泽县		高台县		酒泉市		民乐县		嘉峪关市		山丹县		肃南裕固族自治县	
		出口	进口	出口	进口	出口	进口	出口	进口	出口	进口	出口	进口	出口	进口	出口	进口
15	木材加工及家具制造业	0	46 653	0	4 964	0	6 133	0	97 142	0	5 620	0	123 483	0	4 823	0	4 108
16	造纸印刷及文教体育用品制造业	13 928	56 554	102	7 736	0	8 868	0	146 495	00 647	1 920	0	171 941	0	7 034	0	5 912
17	石油加工、炼焦及核燃料加工业	15 009	270 069	125	6 007	0	37 446	1 517 309	176 524	0	34 316	0	538 488	0	29 522	0	25 050
18	化学工业	93 370	345 260	10 670	39 454	12 582	46 524	173 719	642 372	0	50 506	102 427	902 710	5 581	38 161	0	36 718
19	非金属矿物制品业	3 112	93 394	822	24 677	0	28 080	7 358	220 866	53 215	11 975	89 883	397 299	42 532	9 283	0	18 668
20	金属冶炼及压延加工业	13 794	79 969	2 376	13 777	0	36 216	51 171	296 651	0	33 204	11 162 369	173 621	154 695	5 957	0	24 018
21	金属制品业	7 636	93 333	54	5 609	7 504	6 455	584	7 136	0	11 877	699 364	105 728	0	10 224	0	8 667
22	通用、专用设备制造业	630	162 174	77	19 746	98	25 318	1 661	427 713	0	26 224	54 076	334 228	0	29 886	0	14 995
23	交通运输设备制造业	0	147 324	0	17 029	0	19 332	0	272 926	0	17 715	0	486 161	0	21 739	0	16 854
24	电气机械及器材制造业	0	147 435	0	17 042	0	28 862	2 012 356	176 506	0	17 729	5 269	377 040	0	15 215	0	12 961
25	通信设备、计算机及其他电子设备制造业	0	43 253	0	5 000	0	5 679	0	116 526	0	5 201	0	112 323	0	4 708	0	3 802

续表

编号	经济部门	甘州区		临泽县		高台县		酒泉市		民乐县		嘉峪关市		山丹县		肃南裕固族自治县	
		出口	进口	出口	进口	出口	进口	出口	进口	出口	进口	出口	进口	出口	进口	出口	进口
26	仪器仪表及文化办公用机械制造业	0	34 806	0	4 023	0	4 567	0	76 024	0	4 185	0	93 751	0	3 592	0	3 060
27	工艺品及其他制造业	0	24 456	0	2 827	0	3 209	607 702	65 682	0	2 941	0	58 437	0	2 524	0	2 150
28	废品废料	0	3 239	0	374	0	425	0	7 058	0	389	16 309	3 488	0	334	0	285
29	电力、热力的生产和供应业	41 636	1 462	1 546	37 553	6 002	37 901	341 296	378 772	4 450	35 811	303 310	345 627	0	35 437	161 479	5 669
30	燃气生产和供应业	0	3 486	0	403	0	457	11 320	2 965	0	419	0	7 872	0	360	0	306
31	水的生产和供应业	0	5 860	0	970	0	1 123	0	13 978	0	848	71 427	8 313	0	890	3 108	99
32	建筑业	694 975	469 027	57 962	75 747	35 679	90 271	1 026 646	905 327	195 116	254 985	238 445	49 630	25 804	33 721	24 545	77 707
33	交通运输及仓储业	111 196	43 118	51 459	19 954	6 961	26 074	142 367	55 205	6 159	24 138	64 336	470 805	43 421	16 837	5 486	16 273
34	邮政业	4 100	2 828	999	335	244	691	7 382	6 035	2 789	290	1 085	11 317			107	387
35	信息传输、计算机服务和软件业	40 931	56 637	3 692	7 768			57 171	153 618	3 795	8 037	84 298	104 643	5 081	5 267	1 342	7 207
36	批发和零售业	190 091	44 561	9 168	30 073	96 372	22 591	1 044 261	244 795	37 340	8 753	304 833	87 345	15 081	3 535	5 827	1 912
37	住宿和餐饮业	48 877	94 604	4 083	12 720	5 536	13 413	146 628	163 830	2 541	14 830	18 549	310 235	3 544	11 598	2 452	10 127

续表

编号	经济部门	甘州区		临泽县		高台县		酒泉市		民乐县		嘉峪关市		山丹县		肃南裕固族自治县	
		出口	进口	出口	进口	出口	进口	出口	进口	出口	进口	出口	进口	出口	进口	出口	进口
38	金融业	59 310	60 652	8 119	8 527	7 331	2 362	119 578	140 263	29 082	9 369	76 669	176 461	5 147	7 639	2 094	8 410
39	房地产业	51 544	51 544	1 060	5 969	784	4 413	263 793	263 793	13 368	13 368	49 994	49 994	5 794	5 794	1 221	7 805
40	租赁和商务服务业	54 807	41 858	244	9 649	579	2 558	15 584	68 793	412	9 772	34 079	166 645	1 845	8 147	1 695	5 630
41	研究与试验发展业	4 687	15 903	405	1 997	626	2 087	16 844	27 542	155	2 331	4 994	38 692	128	1 988	204	1 603
42	综合技术服务业	4 179	5 427	563	1 118	497	646	33 607	13 226	3 948	5 127	8 873	11 989	3 700	4 805	363	1 180
43	水利、环境和公共设施管理业	33 674	23 925	798	1 759	6 030	4 284	227 865	161 901	28 651	20 357	26 112	17 591	331	235	792	1 090
44	居民服务和其他服务业	2 255	363	264	6 505	4 624	744	58 901	65 693	3 202	515	46 607	71 350	2 626	3 502	2 490	2 536
45	教育	7 008	10 927	3 312	14 223	3 150	4 911	300 449	468 491	30 532	8 563	41 702	296 599	4 087	6 374	3 721	9 318
46	卫生、社会保障和社会福利业	3 185	16 857	3 293	8 273	7 114	6 495	207 986	95 858	1 051	5 565	30 895	188 652	211	1 117	1 763	6 859
47	文化、体育和娱乐业	20 687	15 903	3 741	2 007	3 764	2 216	50 246	35 723	772	4 407	8 910	71 005	507	2 896	1 079	1 895
48	公共管理和社会组织	67 758	2 117	15 157	15 757	7 039	220	88 608	388 950	27 363	855	104 951	104 951	18 864	589	14 905	466

$$z_i^{rs} = \frac{x_i^{r\cdot} x_i^{\cdot s}}{x_i^{\cdot\cdot}} Q_i^{rs} \tag{3-18}$$

式中，z_i^{rs}为区域r中i部门向区域s的输出量；$x_i^{r\cdot}$为区域r中i部门的总产出量；$x_i^{\cdot s}$为区域s对i部门产品的总需求量；$x_i^{\cdot\cdot}$为系统中i部门产品的总产出量；Q_i^{rs}为系数。

式（3-18）求解的关键是求系数Q_i^{rs}，其计算公式如下：

$$Q_i^{rs} = \frac{x_i^{\cdot\cdot}}{x_i^{r\cdot} x_i^{\cdot s}} z_i^{rs} \tag{3-19}$$

本书应用2007年中国30个省（自治区、直辖市）区域间投入产出表中的数据计算Q_i^{rs}。对于任意两区域，式（3-19）等式右侧的参数均为已知量，因此可以求解任意两区域r和s间贸易而产生的Q_i^{rs}。本书通过计算甘肃、内蒙古、青海两两区域间贸易产生的Q_i^{rs}，并取平均值，作为本书的系数Q_i^{rs}，从而求出任意两市（县、区、旗）之间的贸易量。

第四，整合11个市（县、区、旗）间投入产出表，得到黑河流域上中下游流域间投入产出表。将市（县、区、旗）r任意部门i流出到市（县、区、旗）s的贸易量z_i^{rs}分配给市（县、区、旗）s的中间使用部门和最终使用。采用市（县、区、旗）s流入矩阵部门i的中间使用部门和最终使用部门相同的比例分配z_i^{rs}，从而构建11个市（县、区、旗）间的投入产出表。对表中各市（县、区、旗）按照所属的上中下游进行合并，获得黑河上中下游投入产出表。编制得到黑河流域以及黑河流域上中下游投入产出表均为48个经济部门。表3-8是将黑河流域上中下游合成三个产业的投入产出表，并仅以此表为例。

（2）数据来源与预处理

本书数据包括2012年黑河流域11个市（县、区、旗）48个部门的单区域投入产出表和分部门的实体水耗水量。黑河流域11个市（县、区、旗）单区域投入产出表来源于寒区旱区科学数据中心。通过第一次全国水利普查数据，可以获得黑河流域11个市（县、区、旗）的工业和服务业等39个经济部门的耗水数据，合并后可得到黑河流域上游、中游和下游的分部门蓝水耗水数据，详见表3-9。根据用水数据，将3.2.3.3节（1）方法部分编制得到的黑河流域48个部门的上中下游流域间的投入产出表合并成46个部门。此外，2012年甘肃、青海和内蒙古三个省（自治区）的投入产出表来源于国家统计局。

采用CropWat模型模拟黑河流域11个市（县、区、旗）的小麦、玉米、油料、棉花、水果和蔬菜6种作物的有效降水量（ER）与灌溉需水量（I），利用每个作物的ER和I及其相应的播种面积来估算作物的蓝水和绿水耗水量。将6种作物的ER和I分别加权平均得到黑河流域作物平均ER和I。利用平均ER和I计算“其他农业”的蓝水和绿水耗水量。具体方法见3.3.1.1节。CropWat模型所需的黑河流域11个市（县、区、旗）的降水量、温度、湿度、风速等气象数据来源于中国气象数据网（http://data.cma.cn）；作物生长参数数据来源于联合国粮食及农业组织CROP数据库；作物的播种面积以及各市（县、

表 3-8　按三个产业划分的黑河流域上中下游简化投入产出表

（单位：万元）

项目		上游			中游			下游			上游最终需求	中游最终需求	下游最终需求	总产出
		第一产业	第二产业	第三产业	第一产业	第二产业	第三产业	第一产业	第二产业	第三产业				
上游	第一产业	581	643	104	3	61	8	2	12	3	47 461	72	70	49 020
	第二产业	2 500	12 548	5 268	25	1 882	16	18	698	34	203 915	196	452	227 555
	第三产业	1 946	25 109	8 556	0	5	3	0	6	2	36 040	19	16	71 703
中游	第一产业	1	1	0	354 797	724 848	204 647	12	67	18	104	2 203 826	522	3 488 844
	第二产业	28	562	18	316 156	5 094 927	605 676	167	5 704	339	1 539	23 487 508	5 218	29 517 842
	第三产业	1	11	5	131 918	1 666 972	1 356 475	5	57	19	11	5 231 152	146	8 386 772
下游	第一产业	1	1	0	20	467	60	5 907	17 314	4 198	85	379	304 988	333 420
	第二产业	26	516	18	212	15 884	104	47 687	138 799	32 149	1 138	1 354	832 332	1 070 218
	第三产业	1	10	5	3	52	41	26 241	115 484	43 726	10	161	401 829	587 562
外部进口		8 169	102 333	17 941	751 264	14 713 007	2 123 258	79 124	278 571	126 485	164 729	11 041 094	825 649	30 231 624

区、旗）作物总播种面积来源于《甘肃发展年鉴2013》。“其他农业”的播种面积通过作物总播种面积减去小麦、玉米、油料、棉花、水果和蔬菜6种作物的播种面积获得。CropWat模型计算方法详见3.3.1.1节。

基于上述构建的黑河流域单区域以及上中下游流域间的区域间投入产出表，分别采用3.3.1节构建的产业间蓝绿水-虚拟水转化定量评价方法和3.3.2节构建的多区域蓝绿水-虚拟水转化定量评价方法，计算分析结果。

表3-9　黑河流域各经济部门蓝水耗水量　　（单位：万 m^3）

编号	经济部门	上游	中游	下游
1	煤炭开采和洗选业	0.00	54.65	0.00
2	石油和天然气开采业	0.00	0.00	0.00
3	金属矿采选业	0.56	181.67	160.08
4	非金属矿及其他矿采选业	0.00	145.79	0.61
5	食品制造及烟草加工业	0.00	916.25	11.66
6	纺织业	0.00	0.40	0.00
7	纺织服装、鞋、帽制造业	0.00	0.18	0.00
8	木材加工及家具制造业	0.00	18.94	0.00
9	造纸印刷及文教体育用品制造业	0.00	17.20	0.00
10	石油加工、炼焦及核燃料加工业	0.00	23.74	0.00
11	化学工业	0.00	117.94	0.17
12	非金属矿物制品业	0.05	302.64	0.05
13	金属冶炼及压延加工业	0.00	3277.99	0.75
14	金属制品业	0.00	10.35	0.00
15	通用、专用设备制造业	0.00	20.61	0.00
16	交通运输设备制造业	0.00	0.04	0.00
17	电气机械及器材制造业	0.00	1.73	0.00
18	通信设备、计算机及其他电子设备制造业	0.00	0.00	0.00
19	仪器仪表及文化办公用机械制造业	0.00	0.00	0.00
20	工艺品及其他制造业	0.00	9.52	0.00
21	废品废料	0.00	0.00	0.00
22	电力、热力的生产和供应业	5.33	2207.58	0.06
23	燃气生产和供应业	0.00	1.71	0.00
24	水的生产和供应业	0.00	330.77	0.00

续表

编号	经济部门	上游	中游	下游
25	建筑业	0.25	47.00	5.46
26	交通运输、仓储和邮政业	0.07	9.53	14.61
27	信息传输、计算机服务和软件业	0.00	0.40	0.00
28	批发和零售业	0.03	5.95	12.48
29	住宿和餐饮业	1.31	41.68	14.59
30	金融业	0.00	2.30	0.00
31	房地产业	0.00	2.73	2.99
32	租赁和商务服务业	0.10	0.57	0.00
33	科学研究、技术服务和地质勘查业	0.02	10.36	0.01
34	水利、环境和公共设施管理业	0.03	1.52	0.30
35	居民服务和其他服务业	0.00	15.10	0.02
36	教育	0.22	86.24	15.83
37	卫生、社会保障和社会福利业	0.00	25.34	1.77
38	文化、体育和娱乐业	0.00	0.10	0.00
39	公共管理和社会组织机关事业单位	0.17	23.16	0.28

3.3 蓝绿水-虚拟水转化

社会经济系统中水资源的利用与产业用水结构之间存在密切联系。产品在从生产到消费过程中，伴随着蓝绿水到虚拟水的转化过程。本章主要介绍了单区域产业间蓝绿水-虚拟水转化定量评价方法、多区域蓝绿水-虚拟水转化定量评价方法以及流域实施节水型社会政策后节水效果评价方法。

单区域产业间蓝绿水-虚拟水转化定量评价方法中，主要使用 CropWat 模型估算不同作物的实体蓝水和实体绿水耗水量，利用单区域投入产出方法核算实体蓝水资源和绿水资源转化为虚拟水后在产业间的分配矩阵，从生产和消费两个角度构建实体水-虚拟水转化模型，从而进行定量评价。实体水转化为虚拟水之后，在经济部门间会产生虚拟水转移，本书通过关联效应分析方法，进一步分析了区域产业间的关联效益。

多区域蓝绿水-虚拟水转化定量评价方法中，主要使用 GEPIC 模型对作物生长的蓝水和绿水足迹进行模拟，采用区域间投入产出方法核算各区域虚拟水耗水分配矩阵，并利用用水效率对区域间由虚拟水转移引起的水资源节约进行评价。

针对流域实施节水型社会政策后节水效果的评价，构建直接耗水强度、间接耗水强度、生产部门耗水量和消费部门耗水量等指标，使用结构分解分析法，探讨促进水消耗的主要驱动力。

3.3.1 单区域产业间蓝绿水-虚拟水转化定量评价方法

1. 农业蓝绿水耗水估算方法

实体水耗水（PW）是指实体水进入经济部门用于生产时，在生产过程中所消耗的、不可再回收利用的水资源量，即用水量减去退水量。除农业部门外，地区经济部门的实体蓝水耗水由统计数据直接获得。由于只有农业部门存在实体绿水的直接耗水，工业和服务业各经济部门不存在直接的实体绿水耗水。假设某一地区农业部门的实体绿水耗水主要是农作物的绿水消耗。本书采用 CropWat 模型模拟不同作物的有效降水量（ER）和灌溉需水量（I）来估算作物的实体绿水耗水量和实体蓝水耗水量。针对不同区域选取该地区主要的农作物进行模拟，进而利用多种作物的 ER 和 I 的加权平均来估算地区农作物总实体绿水耗水量和实体蓝水耗水量，公式如下：

$$w_{\text{green}} = \frac{\sum_k (\text{ER}_k \times h_k)}{\sum_k h_k} \times S_{\text{T}} \tag{3-20}$$

$$w_{\text{blue}} = \frac{\sum_k (I_k \times h_k)}{\sum_k h_k} \times S_{\text{T}} \tag{3-21}$$

式中，w_{green}为地区农业实体绿水耗水量；w_{blue}为地区农业实体蓝水耗水量；ER_k为农作物 k 的有效降水量；I_k为农作物 k 的灌溉需水量；h_k为农作物 k 的播种面积；S_{T}为地区农作物总的播种面积。

2. 产业间蓝绿水-虚拟水转化定量评价方法

（1）蓝绿水-虚拟水产业间的转换关系

虚拟水耗水（VW）是指某经济部门生产社会直接消费所需的产品或服务时，在生产该产品或服务过程中投入的所有原材料、辅助材料和能源等其他产品或服务所隐含的虚拟水量。一个地区的实体水被用于地区生产过程中，将转化成虚拟水隐含在生产的产品或服务中，最终随着产品或服务被当地或区域以外的居民消费消耗掉。因此，对于一个地区来说，其用于当地生产活动的实体水耗水等于虚拟水耗水，计算公式如下：

$$\sum_i \text{VW}_i = \sum_i \text{PW}_i \tag{3-22}$$

式中，PW_i为经济部门 i 的实体水耗水；VW_i为经济部门 i 的虚拟水耗水。

本书采用单区域投入产出方法核算实体蓝水资源和绿水资源转化为虚拟水后在产业间的分配矩阵，并构建了一种产业间实体水–虚拟水转化定量评价方法，从生产和消费两个角度分析实体水–虚拟水转化规律。

实体水与虚拟水在产业间的转换关系可用如下公式表达：

$$\mathbf{VW} = \frac{\mathbf{PW}}{x} \cdot \boldsymbol{L} \cdot \boldsymbol{y} = \frac{\boldsymbol{b} + \boldsymbol{g}}{\boldsymbol{x}} \cdot (\boldsymbol{I} - \boldsymbol{A})^{-1} \cdot (\boldsymbol{f} + \boldsymbol{e}) \tag{3-23}$$

式中，**VW** 为各经济部门生产一定量的最终需求所需要的虚拟水耗水分配矩阵；**PW** 为各经济部门的实体水消耗向量，包含蓝水 $\boldsymbol{b}$ 和绿水 $\boldsymbol{g}$；$\boldsymbol{L}=(\boldsymbol{I}-\boldsymbol{A})^{-1}$为 Leontief 逆矩阵；$\boldsymbol{f}$ 为区域内部消费向量，包括居民消费（农村和城镇）、政府消费和资本形成总额；$\boldsymbol{e}$ 为出口向量（此处出口指产品输送到研究区以外，包括向国内输出和向海外出口）；$\boldsymbol{f}+\boldsymbol{e}=\boldsymbol{y}$ 为区域最终需求向量。

式（3-23）可以用矩阵形式表示，即经济部门间的用水分配矩阵，表达如下：

$$\begin{bmatrix} vw^{11} & vw^{12} & \cdots & vw^{1n} \\ vw^{21} & vw^{22} & \cdots & vw^{2n} \\ \vdots & \vdots & \ddots & \vdots \\ vw^{n1} & vw^{n2} & \cdots & vw^{nn} \end{bmatrix} = \begin{bmatrix} \frac{pw^1}{x^1} & 0 & \cdots & 0 \\ 0 & \frac{pw^2}{x^2} & \cdots & 0 \\ \vdots & \vdots & \ddots & \vdots \\ 0 & 0 & \cdots & \frac{pw^n}{x^n} \end{bmatrix} \begin{bmatrix} l^{11} & l^{12} & \cdots & l^{1n} \\ l^{21} & l^{22} & \cdots & l^{2n} \\ \vdots & \vdots & \ddots & \vdots \\ l^{n1} & l^{n2} & \cdots & l^{nn} \end{bmatrix} \begin{bmatrix} y^1 & 0 & \cdots & 0 \\ 0 & y^2 & \cdots & 0 \\ \vdots & \vdots & \ddots & \vdots \\ 0 & 0 & \cdots & y^n \end{bmatrix} \tag{3-24}$$

（2）基于生产角度的实体水–虚拟水转化模型

从生产角度来看，任意经济部门生产的产品或服务均存在两种类型的需求者：中间需求者（如经济部门）和最终需求者（如居民和政府）（图 3-3）。实体水在生产过程中转化成虚拟水隐含在产品中。一部分虚拟水随着产品直接流向最终需求者，这部分虚拟水定义为最终需求驱动虚拟水。而另一部分虚拟水随着产品作为其他经济部门（中间需求者）生产所需的原材料或其他投入用于该中间需求者生产产品或服务，这部门虚拟水定义为中间需求驱动虚拟水。也就是说，生产角度是考察实体水资源如何转化为虚拟水并在产业间重新分配。

从生产角度，对于经济部门 i，其实体水消耗可以转化为本部门的最终需求驱动虚拟水耗水 VW_{ii}，以及其他部门 j 的中间需求驱动虚拟水耗水 VW_{ij}。因此，对于某个经济部门 i 来说，生产角度下的实体水耗水与虚拟水耗水的转化关系如（3-25）：

$$PW_i = VW_{ii} + \sum_j VW_{ij} \quad (i \neq j) \tag{3-25}$$

式中，VW_{ii}为第 i 经济部门生产的产品直接被最终需求者消费的产品或服务所消耗的虚拟水量，即最终需求驱动虚拟水耗水；$\sum_j VW_{ij}$ 为第 i 经济部门生产第 j 经济部门所需的产品

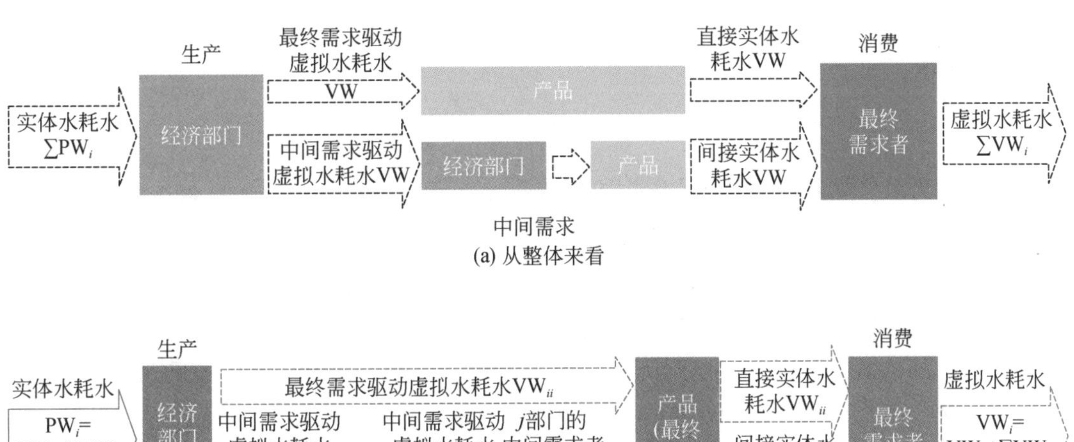

(a) 从整体来看

(b) 从单个经济部门来看

图 3-3　基于生产和消费角度的实体水–虚拟水转化关系

或服务所消耗的虚拟水量，即中间需求驱动虚拟水耗水。

(3) 基于消费角度的实体水–虚拟水转化模型

从消费角度来看，最终需求者能够直接消费的产品在生产过程中需要两种类型的投入：自身部门的投入和其他经济部门的投入（图 3-3）。因此，对于一个经济部门来说，支持该部门最终需求而产生的虚拟水耗水由两部分实体水耗水转化而来，一部分是该经济部门生产最终产品需要该部门自身投入并消耗的实体水资源，可称为直接实体水耗水；另一部分是其他经济部门的产品或服务作为原材料、辅助材料或能源等提供给该部门用于生产最终需求所需要消费的产品，这部分产品或服务所需要消耗的实体水资源可称为间接实体水耗水。也就是说，消费角度是考察最终需求的虚拟水由多少直接和间接实体水转化而来。

从消费角度，对于经济部门 i，其虚拟水耗水 VW_i 由 i 部门为生产满足最终需求者所需的产品而产生的耗水 VW_{ii} 和其他部门 j 为生产部门 i 所需的中间产品而产生的耗水 VW_{ji} 组成。进一步可理解为，VW_{ii} 由 i 部门实体水转化而来，即直接实体水耗水；VW_{ji} 由其他部门 j 的实体水转化而来，即间接实体水耗水。因此，消费角度下，经济部门 i 的虚拟水与实体水关系如下：

$$VW_i = VW_{ii} + \sum_j VW_{ji} \quad (i \neq j) \tag{3-26}$$

或

$$VW_i = PW_i - \sum_j VW_{ij} + \sum_i VW_{ji} \tag{3-27}$$

式中，VW_{ji}为第j经济部门的产品作为原料提供给i部门用于生产直接被最终需求者消费的产品或服务所消耗的j部门的实体水耗水量，即间接实体水耗水。

（4）生产和消费角度分析实体水-虚拟水转化的假想案例

以西红柿种植业为例来具体描绘上述过程（图3-4）。从生产角度来看，西红柿生产出来后，一部分西红柿将直接被居民购买用于消费，这里居民就是西红柿的最终需求者；同时，一部分西红柿还会作为食品制造业的原材料用于生产番茄酱，这里食品制造业是西红柿的中间需求者［图3-4（a）］。而从消费角度来看，对于西红柿种植业来说，最终需求者能够直接消费的产品是西红柿，而生产西红柿，不仅需要西红柿种植业自身部门投入西红柿种子，还需要化肥制造业部门提供化肥。因此，对于西红柿种植业来说，隐含在西红柿种子中的虚拟水就是由西红柿种植业的实体水转化而来的，是西红柿种植业实体水耗水的直接消耗，因此这部分耗水定义为直接实体水耗水；而隐含在化肥中的虚拟水是由化肥制造业的实体水转化而来的，是西红柿种植业间接消耗化肥制造业的实体水，因此这部分耗水定义为间接实体水耗水［图3-4（b）］。

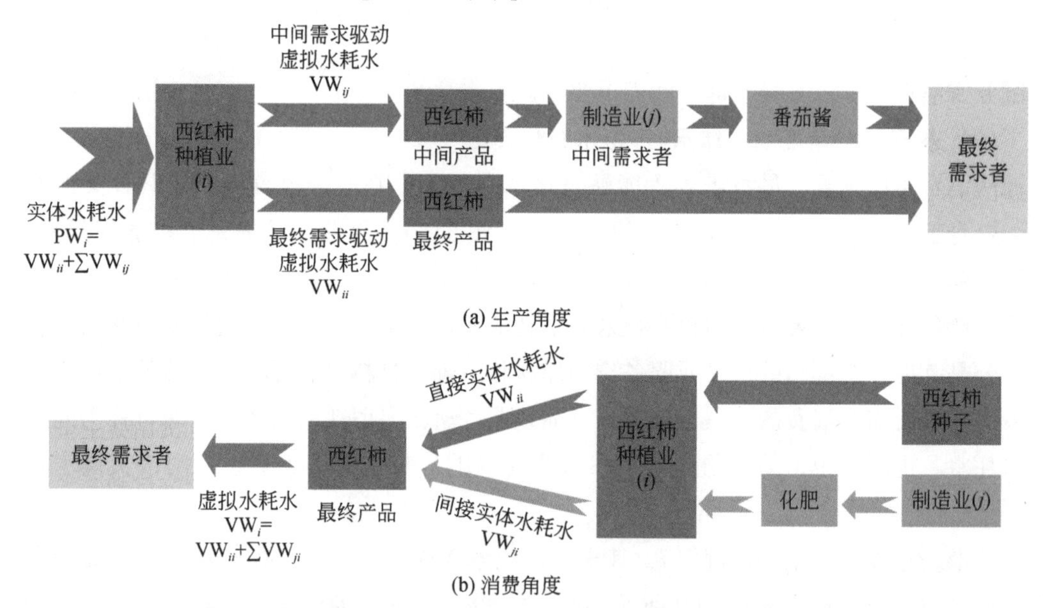

图3-4　用西红柿生产过程描述实体水-虚拟水转化过程

需要指出的是，在分析区域内产业间实体水-虚拟水转化过程中，本书只考虑当地水资源在经济生产到社会消费过程中的迁移转化，不考虑区域外部水资源。鉴于经济部门产品的中间需求者和最终需求者可以是当地经济部门和消费部门，也可以是区域外经济部门和消费部门。因此，隐含在本地产品并输出到区域外的虚拟水，即虚拟水输出，是属于当地水资源流向的一部分，需考虑在经济部门虚拟水耗水计算中（Zhao et al. , 2016）。而对于当地经济部门在生产过程用到的或者当地居民消费的输入产品，隐含在输入产品中的虚拟水，即虚拟水输入，是属于区域外部水资源。因此，在定量分析区域内产业间实体水与虚拟水转化时，不考虑经济部门的虚拟水输入。

3. 产业间虚拟水转移分析方法

实体水转化为虚拟水之后，在经济部门间会产生虚拟水转移。本书基于环境投入产出方法构建虚拟水在甘临高区域经济部门间的转移矩阵。核算区域实体蓝水资源和绿水资源转化为虚拟水后在产业间的分配矩阵，即式（3-23）的另一种表达形式：

$$\boldsymbol{V}=\boldsymbol{d}\cdot\boldsymbol{L}\cdot\boldsymbol{y}=\frac{\boldsymbol{b}+\boldsymbol{g}}{\boldsymbol{x}}\cdot(\boldsymbol{I}-\boldsymbol{A})^{-1}\cdot(\boldsymbol{f}+\boldsymbol{e}) \tag{3-28}$$

式中，$\boldsymbol{V}$ 为区域水资源转化为虚拟水后在经济部门间的分配矩阵；向量 $\boldsymbol{b}$ 和 $\boldsymbol{g}$ 分别是各部门生产产品直接消耗的实体蓝水量和实体绿水量；$\boldsymbol{x}$ 为各部门的总产出向量；$\boldsymbol{d}$ 为直接耗水强度向量，表示生产单位总产出的部门蓝绿水消耗量；$\boldsymbol{I}$ 为单位矩阵；$\boldsymbol{A}$ 为技术系数矩阵，反映的是某经济部门生产单位产品对其他相关经济部门产品的直接消耗；$\boldsymbol{L}=(\boldsymbol{I}-\boldsymbol{A})^{-1}$ 为 Leontief 逆矩阵；$\boldsymbol{f}+\boldsymbol{e}$ 为区域最终需求向量；$\boldsymbol{f}$ 为区域内部消费向量，包括居民消费（农村和城镇）、政府消费和资本形成总额；$\boldsymbol{e}$ 为出口向量（此处出口指产品输送到研究区以外，包括向国内输出和向海外出口）。对于 n 个部门来说，式（3-28）可以表达为矩阵形式：

$$\begin{bmatrix} v^{11} & v^{12} & \cdots & v^{1n} \\ v^{21} & v^{22} & \cdots & v^{2n} \\ \vdots & \vdots & \ddots & \vdots \\ v^{n1} & v^{n2} & \cdots & v^{nn} \end{bmatrix}=\begin{bmatrix} d^{1} & 0 & \cdots & 0 \\ 0 & d^{2} & \cdots & 0 \\ \vdots & \vdots & \ddots & \vdots \\ 0 & 0 & \cdots & d^{n} \end{bmatrix}\begin{bmatrix} l^{11} & l^{12} & \cdots & l^{1n} \\ l^{21} & l^{22} & \cdots & l^{2n} \\ \vdots & \vdots & \ddots & \vdots \\ l^{n1} & l^{n2} & \cdots & l^{nn} \end{bmatrix}\begin{bmatrix} y^{1} & 0 & \cdots & 0 \\ 0 & y^{2} & \cdots & 0 \\ \vdots & \vdots & \ddots & \vdots \\ 0 & 0 & \cdots & y^{n} \end{bmatrix} \tag{3-29}$$

对于分配矩阵 $\boldsymbol{V}$ 来说，其中任意一行 i 的所有元素之和v^{i}即表示本地蓝绿水资源分配给第 i 部门的虚拟水总量，其中对角线元素v^{ii}表示部门 i 的内部分配虚拟水，而第 i 行任意元素v^{ij}（$i\neq j$）则表示部门 i 转移给部门 j 的虚拟水。因此，将分配矩阵中的对角元素消除即可得到产业间虚拟水转移矩阵 $\boldsymbol{T}$。

$$\boldsymbol{T}=\begin{bmatrix} 0 & v^{12} & \cdots & v^{1n} \\ v^{21} & 0 & \cdots & v^{2n} \\ \vdots & \vdots & \ddots & \vdots \\ v^{n1} & v^{n2} & \cdots & 0 \end{bmatrix} \tag{3-30}$$

其中，任意部门 i 向其他部门转移的虚拟水总量可表示为

$$\mathrm{ve}^{i} = \sum_{j=1}^{n} v^{ij} \quad i \neq j \tag{3-31}$$

而任意部门 j 为满足其最终需求而获得其他部门向其转入虚拟水总量可表示为

$$\mathrm{vi}^{j} = \sum_{i=1}^{n} v^{ij} \quad i \neq j \tag{3-32}$$

此外，本书同时考察研究区分行业的虚拟水进口、出口及净进口量。基于环境投入产出方法的区域虚拟水贸易公式如下：

$$\boldsymbol{V}_{e} = \boldsymbol{d} \cdot \boldsymbol{L} \cdot \boldsymbol{e} \tag{3-33}$$

$$\boldsymbol{V}_{m} = \boldsymbol{d} \cdot \boldsymbol{L} \cdot \boldsymbol{m} \tag{3-34}$$

$$\boldsymbol{V}_{\mathrm{nimp}} = \boldsymbol{V}_{m} - \boldsymbol{V}_{e} \tag{3-35}$$

式中，$\boldsymbol{V}_e$ 为分部门虚拟水出口矩阵；$\boldsymbol{V}_m$ 为分部门虚拟水进口矩阵；$\boldsymbol{V}_{\mathrm{nimp}}$为分部门虚拟水净进口矩阵；向量 $\boldsymbol{m}$ 为分行业外部进口量。

4. 虚拟水转移的关联效应分析方法

为研究甘临高地区产业间因虚拟水转移而产生的关联效应，本节引入投入产出方法中的后向联系与前向联系分析方法。后向联系与前向联系是投入产出模型中分析区域产业间关联效应的主要方法之一。后向联系是指某经济部门与其上游部门（如向该部门提供原材料、辅助材料、能源等生产部门）之间的联系，又称为后向关联或后向效应；前向联系是指某经济部门与其下游部门（如使用或消耗该部门产品的生产部门）之间的联系，又称为前向关联或前向效应。通过后向联系与前向联系分析，可以识别一个地区复杂的产业关联关系中主要的经济部门。

结合后向联系与前向联系概念，通过分析产业耗水间的关联来识别区域的主要耗水部门。基于式（3-29），后向联系用完全耗水强度的列和表示，而用行和表示前向联系，公式如下：

$$\mathrm{BL}^{j} = \sum_{i=1}^{n} d^{i} \times l^{ij} \tag{3-36}$$

$$\mathrm{FL}^{i} = \sum_{j=1}^{n} d^{i} \times l^{ij} \tag{3-37}$$

式中，BL^j为后向联系；FL^i为前向联系；d^i 为 i 部门的直接耗水强度；l^{ij} 为 Leontief 逆矩阵中的元素。

式（3-36）和式（3-37）反映的是所有部门的后向联系与前向联系，但根据式（3-30）~式（3-32），只有去掉部门内部分配，才能体现部门间的转移关系。为此对式（3-36）和式（3-37）进一步细化分解得到

$$\mathrm{BL}^{j} = \mathrm{BTL}^{j} + \mathrm{IDL}^{j} \tag{3-38}$$

$$\mathrm{FL}^i = \mathrm{FTL}^i + \mathrm{IDL}^i \tag{3-39}$$

式中，$\mathrm{BTL}^j = \sum_{i=1}^{n} d^i \times l^{ij}$，$i \neq j$，表示后向转移联系；$\mathrm{IDL}^j = \sum_{i=1}^{n} d^i \times l^{ii}$ 定义为内部后向分配；而 $\mathrm{FTL}^i = \sum_{j=1}^{n} d^i \times l^{ij}$，$i \neq j$ 表示前向转移联系；$\mathrm{IDL}^i = \sum_{j=1}^{n} d^i \times l^{jj}$ 定义为内部前向分配。

5. 黑河流域甘临高地区蓝绿水–虚拟水转化数据来源与预处理

假设甘临高地区农业部门的实体绿水耗水和蓝水耗水主要是农作物的绿水消耗和蓝水消耗。采用 CropWat 模型模拟不同作物的有效降水量（ER）和灌溉需水量（I）来估算作物的实体绿水耗水量和蓝水耗水量。小麦、大麦和玉米三种作物的播种面积占到甘临高地区总农作物播种面积的 71%。因此本书利用三种作物的 ER 和 I 的加权平均来估算甘临高地区农作物总的实体绿水耗水量和蓝水耗水量。模型主要计算方法见 3. 3. 1. 1 节。

本书所采用的数据包括甘临高地区 2012 年投入产出表和分部门的直接实体耗水量。甘临高地区 2012 年投入产出表来源于寒区旱区科学数据中心。甘州区、临泽县和高台县三个地区的行业耗水量来源于第一次全国水利普查数据，其中包括工业和服务业在内的 39 个经济部门（表 3-10）。第一次全国水利普查的时间是 2011 年。本书假设甘临高地区 2011 年与 2012 年的用水数据变化较小，因此本书甘临高地区各行业的用水数据采用 2011 年第一次全国水利普查数据。将甘临高 2012 年投入产出表中的 42 个部门根据分部门用水数据合并为 40 个部门。CropWat 模型需要的数据包括甘州区、临泽县、高台县各地区降水量、温度、湿度、风速等气象数据［来源于中国气象数据网（http：//data. cma. cn）］；小麦、大麦和玉米的作物生长参数数据［来源于联合国粮食及农业组织 CROP 数据库］；三种作物的种植面积以及各地区总的作物面积数据［来源于《甘肃发展年鉴 2013》］。

表 3-10　甘临高地区经济部门蓝水耗水量　（单位：万 m^3）

编号	经济部门	甘州区	高台县	临泽县
1	煤炭开采和洗选业	0. 00	0. 00	0. 00
2	石油和天然气开采业	0. 00	0. 00	0. 00
3	金属矿采选业	0. 01	0. 00	0. 00
4	非金属矿及其他矿采选业	0. 00	127. 16	6. 75
5	食品制造及烟草加工业	166. 50	83. 68	90. 99
6	纺织业	0. 00	0. 00	0. 00
7	纺织服装、鞋、帽制造业	0. 00	0. 00	0. 18
8	木材加工及家具制造业	15. 20	2. 74	0. 73
9	造纸印刷及文教体育用品制造业	1. 36	0. 00	2. 95

续表

编号	经济部门	甘州区	高台县	临泽县
10	石油加工、炼焦及核燃料加工业	0.00	23.74	0.00
11	化学工业	37.66	0.70	12.80
12	非金属矿物制品业	49.25	7.74	4.39
13	金属冶炼及压延加工业	0.00	0.00	29.83
14	金属制品业	2.96	0.00	0.00
15	通用、专用设备制造业	0.00	0.00	2.06
16	交通运输设备制造业	0.01	0.00	0.00
17	电气机械及器材制造业	0.38	0.00	0.00
18	通信设备、计算机及其他电子设备制造业	0.00	0.00	0.00
19	仪器仪表及文化办公用机械制造业	0.00	0.00	0.00
20	工艺品及其他制造业	0.03	0.00	0.00
21	废品废料	0.00	0.00	0.00
22	电力、热力的生产和供应业	563.33	20.90	3.44
23	燃气生产和供应业	0.00	0.00	0.00
24	水的生产和供应业	219.11	0.00	15.02
25	建筑业	9.98	0.98	1.39
26	交通运输、仓储和邮政业	0.00	0.09	0.03
27	信息传输、计算机服务和软件业	0.00	0.03	0.22
28	批发和零售业	1.50	0.03	0.41
29	住宿和餐饮业	5.92	0.92	1.58
30	金融业	1.67	0.06	0.05
31	房地产业	0.49	0.00	0.00
32	租赁和商务服务业	0.13	0.10	0.01
33	科学研究、技术服务和地质勘查业	3.04	0.01	0.01
34	水利、环境和公共设施管理业	0.22	0.07	0.12
35	居民服务和其他服务业	0.00	0.04	0.00
36	教育	58.53	3.34	4.01
37	卫生、社会保障和社会福利业	10.54	4.01	1.90
38	文化、体育和娱乐业	0.01	0.04	0.02
39	公共管理和社会组织机关事业单位	0.52	0.24	0.44

基于以上收集的数据采用3.3.1.2节构建的产业间实体水-虚拟水转化定量评价方法，计算并分析结果。

3.3.2 多区域蓝绿水-虚拟水转化定量评价方法

1. 区域间蓝绿水-虚拟水转化定量评价方法

本书采用区域间投入产出方法核算各区域虚拟水耗水分配矩阵。基于耗水矩阵，构建了一种区域间实体水-虚拟水转化定量评价方法，从生产和消费两个角度分析区域间实体水-虚拟水转化规律。基于投入产出基础计算式［式（3-5）］，对于区域 p 来说，其经济关系可以表示为

$$\begin{bmatrix} x_1^p \\ x_2^p \\ \cdots \\ x_i^p \end{bmatrix} = \begin{bmatrix} z_{11}^{pp} & z_{12}^{pp} & \cdots & z_{1j}^{pp} \\ z_{21}^{pp} & z_{22}^{pp} & \cdots & z_{2j}^{pp} \\ \cdots & \cdots & \cdots & \cdots \\ z_{i1}^{pp} & z_{i2}^{pp} & \cdots & z_{ij}^{pp} \end{bmatrix} + \left(\begin{bmatrix} f_1^{pp} \\ f_2^{pp} \\ \cdots \\ f_i^{pp} \end{bmatrix} + \begin{bmatrix} \mathrm{ex}_1^p \\ \mathrm{ex}_2^p \\ \cdots \\ \mathrm{ex}_i^p \end{bmatrix} \right) + \left(\begin{bmatrix} \sum\limits_{q \neq p} z_{1j}^{pq} \\ \sum\limits_{q \neq p} z_{2j}^{pq} \\ \cdots \\ \sum\limits_{q \neq p} z_{ij}^{pq} \end{bmatrix} + \begin{bmatrix} \sum\limits_{q \neq p} f_1^{pq} \\ \sum\limits_{q \neq p} f_2^{pq} \\ \cdots \\ \sum\limits_{q \neq p} f_i^{pq} \end{bmatrix} \right) \tag{3-40}$$

式中，x_i^p 为 p 区域第 i 经济部门总产出；z_{ij}^{pp} 为 p 区域第 j 经济部门对 p 区域第 i 经济部门产品的中间需求量；f_i^{pp} 为第 i 经济部门在 p 区域内的内部消费，包括农村居民消费、城镇居民消费、政府消费、资本形成总额；ex_i^p 为 p 区域第 i 经济部门的产品出口到国外；z_{ij}^{pq} 为 q 区域第 j 经济部门对 p 区域第 i 经济部门产品的中间消耗量；f_i^{pq} 为 p 区域第 i 经济部门的产品流出到区域 q 的内部消费。

令 $\boldsymbol{y}^{pp}=\boldsymbol{f}^{pp}+\mathbf{ex}^p$，$\boldsymbol{e}^{pq}=\boldsymbol{Z}^{pq}+\boldsymbol{f}^{pq}$（$q \neq p$），式（3-40）可以写成

$$\boldsymbol{x}^p = \boldsymbol{A}^{pp}\boldsymbol{x}^p + \boldsymbol{y}^{pp} + \sum_{q \neq p} \boldsymbol{e}^{pq} = (\boldsymbol{I} - \boldsymbol{A}^{pp})^{-1}(\boldsymbol{y}^{pp} + \sum_{q \neq p} \boldsymbol{e}^{pq}) \tag{3-41}$$

式中，$\boldsymbol{I}$ 为单位矩阵；$\boldsymbol{A}^{pp}$ 为区域 p 的技术系数矩阵，$\boldsymbol{Z}^{pp}=\boldsymbol{A}^{pp}\boldsymbol{x}^p$；$\boldsymbol{y}^{pp}$ 为区域 p 本地内的最终需求，包括内部消费和出口到国外；$\boldsymbol{e}^{pq}$ 为区域 p 流出到区域 q 的中间需求和内部消费之和。

对于某个区域来说，该区域的实体水耗水包括两部分：一部分用于本地生产满足本地的最终需求，另一部分流出到区域外满足区域外的最终需求。因此区域 p 的实体水耗水组成如下：

$$\mathrm{PW}^p = \mathrm{VW}^{pp} + \sum_{q \neq p} \mathrm{VW}^{pq} \tag{3-42}$$

$$\mathrm{VW}^{pp} = \frac{\mathrm{PW}^p}{\boldsymbol{x}^p} \cdot (\boldsymbol{I} - \boldsymbol{A}^{pp})^{-1} \cdot \boldsymbol{y}^{pp} \tag{3-43}$$

$$\mathrm{VW}^{pq}=\frac{\mathrm{PW}^{p}}{x^{p}}\cdot(\boldsymbol{I}-\boldsymbol{A}^{pp})^{-1}\cdot\boldsymbol{e}^{pq}\quad(q\neq p) \tag{3-44}$$

式中，PW^p为区域p总实体水耗水；VW^{pp}为区域p生产满足本地最终需求产品隐含的总虚拟水量；VW^{pq}为区域p流出到区域q的产品所隐含的虚拟水量。

从消费角度来看，某区域在生产满足本地最终需求所需的产品时，不仅需要本地提供原材料、辅助材料等，还需要从区域外投入生产所需的原材料或辅助材料等。因此，区域p的虚拟水耗水组成如下：

$$\mathrm{VW}^{p}=\mathrm{VW}^{pp}+\sum_{q\neq p}\mathrm{VW}^{qp} \tag{3-45}$$

$$\mathrm{VW}^{qp}=\frac{\mathrm{PW}^{q}}{x^{q}}\cdot(\boldsymbol{I}-\boldsymbol{A}^{qq})^{-1}\cdot\boldsymbol{e}^{qp}\quad(q\neq p) \tag{3-46}$$

式中，VW^p为区域p总的虚拟水耗水；VW^{qp}为区域q流出到区域p的产品所隐含的虚拟水量；PW^q为区域q总实体水耗水；x^q为区域q的总产出；$\boldsymbol{A}^{qq}$为区域q的技术系数矩阵；$\boldsymbol{e}^{qp}$为区域q流出到区域p的中间需求和内部消费的产品之和。

2. 区域间虚拟水转移引起的水资源节约评价方法

虚拟水从用水效率高的地区流向用水效率低的地区即导致水资源节约，反之则为水资源损失。用水效率的高低可用虚拟水含量表示，虚拟水含量低表示用水效率较高，反之用水效率较低，水资源节约可以分为单区域视角和区域间视角。

对于单个区域来说，输入某一产品相当于节约了本地水资源，其节约的水量等于产品输入量乘以本地相应产品的虚拟水含量，即用生产该产品需要消耗的本地水量来衡量输入产品所节约的水量。另外，输出该产品会损失当地水资源量，其损失的水量等于产品输出量乘以本地产品的虚拟水含量，即输出产品所消耗的本地水量。因此，单个区域由于某产品的虚拟水贸易所产生水资源的节约或损失的计算公式如下：

$$\Delta S^{p}=\mathrm{VWC}^{p}(I^{p}-E^{p}) \tag{3-47}$$

式中，ΔS^p为区域p的水资源节约或损失（正为节约，负为损失）；VWC^p为区域p的虚拟水含量；I^p为区域p的输入量；E^p为区域p的输出量。

对于两个区域来说，当产品从区域q输出到区域p，造成区域q的水资源损失，以及区域p的水资源节约。但综合区域q和p的节约损失情况，区域间贸易引起的两个区域总体水资源节约或损失计算公式如下：

$$\Delta S^{\mathrm{int}}=\sum T^{qp}\times(\mathrm{VWC}^{p}-\mathrm{VWC}^{q}) \tag{3-48}$$

式中，ΔS^{int}为区域间贸易引起的两个区域总体水资源节约或损失（正为节约，负为损失）；VWC^p为输入方p的虚拟水含量；VWC^q为输出方q的虚拟水含量；T^{qp}为区域q输出到区域p的输出量。

3. 蓝绿水耗水估算方法

本书采用 GEPIC 模型对作物生长的蓝水和绿水足迹进行模拟。EPIC 模型是定量评价“气候-土壤-作物-管理”的作物生长模拟模型，是 20 世纪 80 年代初期由美国德克萨斯农工大学黑土地研究中心和美国农业部草地、土壤和水分研究所共同研究开发的。自 EPIC 模型开发以来，经过多次验证和完善目前已获得了广泛的应用，目前已经能够模拟 100 多种作物的生长（Wang et al.，2005）。Liu 等（2007a）首次将 GIS 工具与 EPIC 模型相耦合，开发出能够核算农作物蓝绿水足迹空间分布的 GEPIC 模型。GEPIC 模型不仅简化了模型数据的处理、参数的设定，实现了模型输入、输出结果的可视化，同时也在空间上和时间上实现了 EPIC 模型的全部功能。

本书采用 GEPIC 模型中的作物生长模块，对中国各省（自治区、直辖市）包括甘临高地区作物生长的蓝水和绿水进行空间化模拟，模拟精度为 1km×1km。作物生长模块是一种生态系统过程模型，基于农作物特定的生长和田间管理参数，能够对不同农作物的蓝水、绿水蒸散发量、作物产量以及生物量等情况进行模拟。模型采用 Hargreaves 方法计算农作物的参考蒸发量 ET_0（Hargreaves and Samani，1985）。在 GEPIC 模型中，作物在生长过程中的总蒸散发量（ET）等于生长期间实际作物蒸腾和土壤蒸发之和。

3.3.3 流域实施节水型社会政策后节水效果评价方法

1. 水文-经济投入产出模型

本书建立了一个流域尺度的投入产出模型，用来计算实施节水型社会政策前后黑河流域农业、工业和服务业这三个部门的用水量。投入产出模型被广泛用于研究与产品跨部门流动相关的资源消耗，它通过增加投入产出表的附加行来反映每个经济部门的直接用水量，从而计算出每个经济部门最终需求所消耗的水量（Miller and Blair，2009）。

利用水文-经济投入产出模型可以计算出耗水强度（代表单位经济产出的淡水消耗量，即经济用水效率的倒数）生产部门和消费部门的耗水量（分别为 WC_p 和 WC_c），以及嵌入在某部门商品交易中的用水量。

本书中，WC_p 定义为生产部门生产满足国内最终需求及出口商品和服务的总用水量，这意味着从生产角度核算用水量。WC_c 定义为当地消费部门使用商品和服务的总用水量，包括国内最终需求和进口，这意味着从消费角度核算用水量。

基本的投入产出关系可以表示为

$$\boldsymbol{x} = (\boldsymbol{I} - \boldsymbol{A})^{-1} \times \boldsymbol{f} \tag{3-49}$$

式中，$\boldsymbol{x}$ 为总产出的向量；$\boldsymbol{f}$ 为最终需求矩阵；$\boldsymbol{I}$ 为单位矩阵；$\boldsymbol{A}$ 为技术系数矩阵；$(\boldsymbol{I}-\boldsymbol{A})^{-1}$

为 Leontief 逆矩阵。

因此，根据式（3-49），可以使用 Leontief 逆矩阵建立起一个部门的最终需求与相应产品之间的联系，这是投入产出分析的基础，因为它显示了最终需求增加对所有工业部门的各类影响。

水文-经济投入产出交易表包括一个标准的非竞争性投入产出交易表和一个附加行，其中投入产出表包含不同部门之间的商品和服务流动（Zhao et al.，2009）。本书的量化是基于一个简化的非竞争性交易表。实际上，进口产品可以用于中间投入，也可以用于满足国内最终需求，甚至可以再出口，而该简化模型假定进口产品仅用于支持国内最终需求。这种简化方法在许多先前基于投入产出的虚拟水研究中都得到了应用（Guan and Hubacek，2007；Peters，2008）。尽管考虑中间投入和再出口会产生更真实的结果，但我们无法获得足够的可靠数据来进行此类分析。

2. 直接耗水强度和间接耗水强度

水资源在各类生产活动中被直接或间接地消耗。例如，如果要生产农产品，农民必须使用水进行灌溉（直接消耗），还需要使用肥料、电力和种子等一些投入品（间接消耗嵌入在这些农业投入品中的水）。这些中间投入品的生产过程也需要耗水，但由于在农业生产过程中使用这些投入品时看不到水，因此这部分水资源被认为是间接消耗的。

开发水文-经济投入产出模型的第一步是建立一个矩阵表示直接耗水（WC）强度（即单位经济产出的用水量），其表示如下：

$$\boldsymbol{d} = [d_j], \quad d_j = c_j / x_j \tag{3-50}$$

式中，$\boldsymbol{d}$ 为直接耗水强度的矢量（即单位经济产出的耗水量）；c_j 为部门 j 的耗水量；x_j 为部门 j 的经济产出；d_j 为部门 j 每增加一个货币单位经济产出的耗水量。值得注意的是，本书使用 WC 表示总用水量，使用 **WC** 表示用于计算 WC 的矩阵。

耗水强度等于直接耗水和间接耗水强度之和。耗水强度由直接耗水量乘以 Leontief 逆矩阵 $(\boldsymbol{I}-\boldsymbol{A})^{-1}$ 得到，这代表每个部门在整个生产链中的总耗水量。耗水强度（$\boldsymbol{t}$）可以表示为

$$\boldsymbol{t} = \boldsymbol{d} \cdot (\boldsymbol{I} - \boldsymbol{A})^{-1} \tag{3-51}$$

间接耗水强度是总耗水强度与直接耗水强度之差。因此，它可以通过 $\boldsymbol{t}-\boldsymbol{d}$ 计算得到。

3. 生产部门和消费部门的耗水量

生产部门的总耗水量（$\mathbf{WC}_{\mathrm{p}}$）计算公式为

$$\mathbf{WC}_{\mathrm{p}} = \boldsymbol{d} \cdot (\boldsymbol{I} - \boldsymbol{A})^{-1} \cdot (\boldsymbol{i} + \mathbf{ex}) \tag{3-52}$$

式中，$\mathbf{WC}_{\mathrm{p}}$是指支持生产部门为国内最终需求（$\boldsymbol{i}$）和出口（$\mathbf{ex}$）生产商品和服务的总耗

水量。式（3-52）中，$\boldsymbol{i}$ 表示区域内部消费；**ex** 表示出口；$\boldsymbol{i}$ 和 **ex** 之和为 $\boldsymbol{f}$；表示最终总需求；D 表示生产每单位经济产出的直接用水量，它反映了技术进步对用水效率的影响（Zhang et al.，2012）。Leontief 逆矩阵是经济生产结构的反映（Guan et al.，2008），其值减小表示经济生产结构正在朝着节水的方向发展。

消费部门的总耗水量（$\mathbf{WC}_c$）计算公式为

$$\mathbf{WC}_c = \boldsymbol{d} \cdot (\boldsymbol{I} - \boldsymbol{A})^{-1} \cdot (\boldsymbol{i} + \mathbf{im}) \tag{3-53}$$

式中，$\mathbf{WC}_c$是指为当地消费部门生产商品和服务的总耗水量；**im** 代表进口，而 $\mathbf{WC}_c$包括国内最终需求（$\boldsymbol{i}$）和 **im** 的用水量。

4. 结构分解分析法

本书使用结构分解分析法将 WC_p 进行分解。该方法已广泛用于投入产出模型，以研究能源使用和 CO_2排放的关键驱动因素。近年来，研究人员开始使用结构分解分析法来研究水足迹变化或经济系统中水消耗的驱动力（Tello and Ostos，2012；Zhao et al，2010）。

$\mathbf{WC}_p$从时间 0 到时间 1 的变化可以分解为所选驱动力的加法形式。通过计算两个时期 $\mathbf{WC}_p$的差，可以获得影响 $\mathbf{WC}_p$变化的主要因素（Hoekstra and den Bergh，2003）。计算公式如下：

$$\begin{aligned}
\Delta \mathrm{WC}_p &= \mathrm{WC}_{p_1} - \mathrm{WC}_{p_0} \\
&= (d_1 \cdot L_1 \cdot f_1) - (d_0 \cdot L_0 \cdot f_0) \\
&= (\Delta d \cdot w_d) + (\Delta L \cdot w_1) + (\Delta i \cdot w_f) + (\Delta e_x \cdot w_f)
\end{aligned} \tag{3-54}$$

式中，下标 0 和 1 代表两个时间点；Δ 表示参数在 0 时期和 1 时期之间的变化。w_d、w_1和 w_f为直接耗水强度、Leontief 逆矩阵和最终需求总量的相应权重。根据 Dietzenbacher 和 Los（1998）的方法，通过计算所有可能分解的解的平均值来估算这些权重。

式（3-54）的解可以表示为

$$\begin{aligned}
\Delta \mathrm{WC}_p &= (d_1 \cdot L_1 \cdot f_1) - (d_0 \cdot L_0 \cdot f_0) \\
&= (\Delta d \cdot L_1 \cdot f_1) + (d_0 \cdot L_1 \cdot f_1) - (d_0 \cdot L_0 \cdot f_0) \\
&= (\Delta d \cdot L_1 \cdot f_1) + (d_0 \cdot \Delta L \cdot f_1) + (d_0 \cdot L_0 \cdot f_1) - (d_0 \cdot L_0 \cdot f_0) \\
&= (\Delta d \cdot L_1 \cdot f_1) + (d_0 \cdot \Delta L \cdot f_1) + (d_0 \cdot L_0 \cdot \Delta f)
\end{aligned} \tag{3-55}$$

但是，这个解不是唯一的。通过简单地更改变量的排列，我们可以得到不同的解。n 个乘法变量，总共有 $n!$ 个解（Dietzenbacher and Los，1998）。Dietzenbacher 和 Los（1998）通过计算所有解的平均值并用其表示权重解决了这个问题。分解形式如下：

$$\begin{aligned}
\Delta \mathrm{WC}_p &= (\Delta d \cdot w_d) + (\Delta L \cdot w_1) + (\Delta f \cdot w_f) \\
&= (\Delta d \cdot w_d) + (\Delta L \cdot w_1) + (\Delta i \cdot w_f) + (\Delta e_x \cdot w_f)
\end{aligned} \tag{3-56}$$

本书使用 Dietzenbacher 和 Los（1998）的方法进行结构分解。结果如下：

$$\Delta d \cdot w_{\mathrm{d}} = \Delta d \cdot \left(\frac{1}{3} L_0 \cdot f_0 + \frac{1}{6} L_0 \cdot f_1 + \frac{1}{6} L_1 \cdot f_0 + \frac{1}{3} L_1 \cdot f_1\right) \tag{3-57}$$

$$\Delta L \cdot w_{1} = \Delta L \cdot \left(\frac{1}{3} d_0 \cdot f_0 + \frac{1}{6} d_0 \cdot f_1 + \frac{1}{6} d_1 \cdot f_0 + \frac{1}{3} d_1 \cdot f_1\right) \tag{3-58}$$

$$\Delta L \cdot w_{\mathrm{f}} = \Delta i \cdot \left(\frac{1}{3} d_0 \cdot L_0 + \frac{1}{6} d_0 \cdot L_1 + \frac{1}{6} d_1 \cdot L_0 + \frac{1}{3} d_1 \cdot L_1\right) \tag{3-59}$$

$$\Delta \mathrm{ex} \cdot w_{\mathrm{f}} = \Delta e \cdot \left(\frac{1}{3} d_0 \cdot L_0 + \frac{1}{6} d_0 \cdot L_1 + \frac{1}{6} d_1 \cdot L_0 + \frac{1}{3} d_1 \cdot L_1\right) \tag{3-60}$$

第 4 章　黑河流域蓝绿水资源时空演变

4.1　黑河流域蓝绿水时空分布格局

4.1.1　蓝绿水资源的空间分布特征

本书蓝绿水资源是利用改进后的 GSFLOW 模型模拟，其运行的空间分辨率为 1km，时间分辨率为天。根据空间分辨率及流域边界信息，在模型中研究区域被划分为 90 589 个水文响应单元，模型模拟了 2001 ~ 2012 年黑河流域中下游蓝绿水资源信息。

黑河流域中下游水资源空间分布整体呈现由东南向西北方向递减的趋势且空间差异性大。区域内最高降水量约为 400mm，在部分区域，尤其是北部区域（主要为戈壁沙漠）降水量甚至低于 50mm。其绿水资源整体变化趋势和降水基本一致，主要原因是绿水来源于降水，是降水的一部分。另外，流域的河网结构和下游湖泊绿水资源为 0，是因为降水直接进入河道的部分水资源为蓝水资源，所以对应区域的绿水资源为 0。从空间分布特征来看，黑河流域中下游灌溉和水资源消耗呈现相似的空间分布特征，这是因为流域灌溉量远大于降水量，因此灌溉带来的水资源消耗（蒸发）对总水资源消耗影响大于降水对其影响。

另外，区域水资源量和水资源消耗量存在巨大空间分布差异，这表明来源于降水的水资源和水资源消耗量是极度不平衡的。上游的水资源，即来源于外部地区的蓝水资源，对于满足本地水资源需求起到了重要作用。这也强调了蓝水资源的再分配，如灌溉，对于支持生态系统和平衡水资源供需之间的关系起到了重要作用。

4.1.2　蓝绿水资源的时间分布特征

图 4-1 展示了研究区域内水资源量和水资源消耗量的年际变化情况，其中不同颜色的带状图形表示不同组分的水资源量，深蓝色代表来自上游的蓝水资源；浅蓝色代表流域内降水提供的蓝水资源；绿色代表流域内降水提供的绿水资源；红色虚线代表流域总的水资源消耗，即流域蒸散发总量。本书暂不考虑工业和生活用水，其原因是这部分消耗水资源

量占总水资源量的比例小于5%，蓝绿水统计详细的方法见第3章。

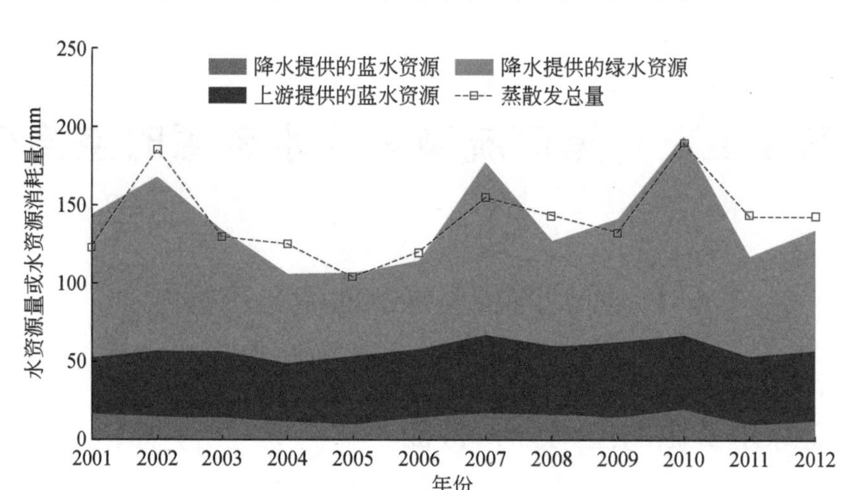

图4-1　黑河流域不同组分水资源量及水资源消耗量的年际变化

从图4-1可以看出，水资源总量（包括蓝绿水和来源于上游的水资源）和水资源消耗量均随时间变化，绿水资源占据了最宽的色带，表明绿水资源是流域内最主要的水资源。另外，上游供给的蓝水资源量要大于流域内降水提供的蓝水资源量。流域内降水提供的绿水资源量要远大于降水提供的蓝水资源量。

通过分析不同组分水资源量的变异系数，可以看出绿水的年际变化较蓝水大。绿水资源的变异系数为30.2%，降水提供的蓝水资源的变异系数为20.8%，上游提供的蓝水资源变异系数则仅为9.0%。水资源消耗量的变化趋势与水资源总量的变化趋势基本一致。这是因为黑河流域内可用水量一直在被消耗，且黑河流域为内陆河流域，流域内水资源会以各种形式被消耗。另外，也可以发现水资源供需不平衡情况存在于每一年且不同年份差异明显。总的水资源量与水资源消耗量之间的差值也反映了流域内水资源储存量的年际变化情况。

4.2　黑河流域蓝绿水资源流动规律

4.2.1　流域内蓝绿水流动规律

为了更清晰细致地分析蓝绿水从资源量到资源消耗量之间的流动规律，本书对蓝绿水资源进行了组分流向分析。图4-2展示了研究区域蓝绿水资源的流向信息，其结果基于2001～2012年水资源模拟量平均值。研究区域的年平均降水量为95.3mm，约86.3亿m^3

水资源量。在降水到达陆面后，约 86%（74.0 亿 m^3）的降水变成绿水资源储存在土壤里，只有约 14%（12.3 亿 m^3）的降水变成径流，形成蓝水资源。除了来源于降水的水资源，另外还有一大部分蓝水资源（39.3 亿 m^3）来源于研究区上游，约占蓝水总量的 72.8%，约占总水资源量的 30.7%。上游来水中，地表径流年平均值约为 34.2 亿 m^3，地下径流年平均值约为 5.1 亿 m^3。流域内多年平均绿水系数为 0.86，即便考虑上游补给的蓝水资源，绿水仍然占整个研究区总水资源量的 57.8%，绿水资源是研究区域内主要的水资源。

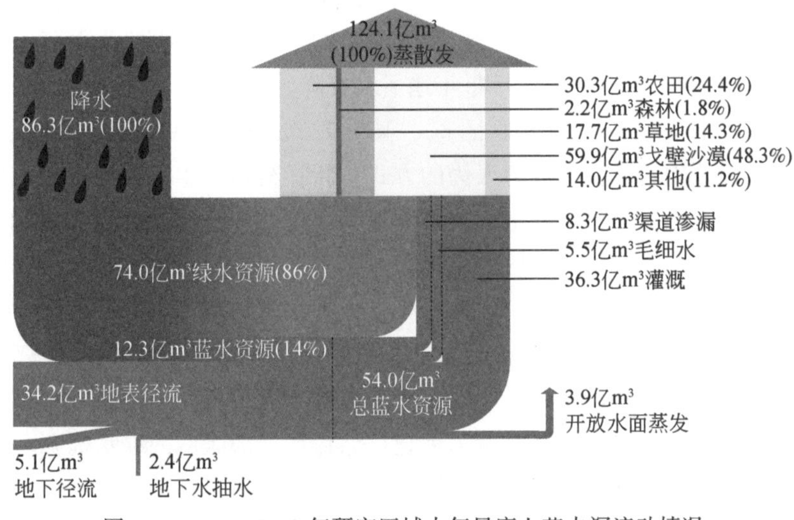

图 4-2　2001 ~ 2012 年研究区域内年尺度上蓝水深流动情况

黑河流域是一条内陆河，因此流域不会有出流，而且研究区域内的所有水资源最终都会以蒸发的形式消耗并返回大气。根据 Falkenmark 和 Rockström（2006）给出的定义，开放水面蒸发的水资源算作蓝水资源消耗。研究区域内开放水面蒸发消耗的蓝水资源约为 3.9 亿 m^3，在流域内只占全部蒸散发量的 3%，主要是因为黑河流域中下游开放水体面积相对较小。剩余 97% 的水资源则被陆地生态系统以及土壤和城市区域等其他土地利用所消耗。研究区域内水资源多年平均蒸散发约为 124.1 亿 m^3，其中包括农田生态系统所消耗的 30.3 亿 m^3（约占总蒸散发量的 24.4%），森林生态系统所消耗的 2.2 亿 m^3（约占总蒸散发量的 1.8%），草地生态系统所消耗的 17.7 亿 m^3（约占总蒸散发量的 14.3%），戈壁沙漠生态系统所消耗的 59.9 亿 m^3（约占总蒸散发量的 48.3%）以及其他土地利用所消耗的 14.0 亿 m^3（约占总蒸散发量的 11.2%）。

从图 4-2 可以看出，黑河流域中下游主要的水资源消耗来源于戈壁沙漠生态系统，主要原因是戈壁沙漠面积在研究区域内所占比例大。除此之外，水资源消耗比例最大的生态系统为农田生态系统，其水资源消耗主要来源于流域内密集灌溉，黑河流域中下游农业发达，每年都会有大量水资源用于灌溉。研究区域水资源消耗量最低的是森林生态系统，这与黑河流域主要森林植被有关，黑河流域主要森林植被为胡杨林，其耐旱，年均蒸散发远低于其他森林植被。

需要特别指出的是，研究区域内陆地生态系统水资源总蒸散发量为124.1亿m^3，远大于流域内绿水资源（约74.0亿m^3），需要大量蓝水资源补给陆地生态系统。而研究区域内通过降水能获取的蓝水资源仅仅只有12.3亿m^3，因此研究区域上游的蓝水资源补给对下游生态系统健康至关重要，研究区域每年平均由上游补给的蓝水资源量约为39.3亿m^3，其中34.2亿m^3来源于地表水补给，5.1亿m^3来源于地下水补给。除此之外，研究区域内每年额外仍需约2.4亿m^3地下水来平衡流域内的水资源供水，这部分水资源主要来源于地下水抽水。黑河流域2001～2012年每年地下水沉降约2.7mm。

研究区域总蓝水资源量约为54.0亿m^3，其中7.2%（约3.9亿m^3）消耗于开放水面蒸发，其余蓝水资源均通过自然或者人为的方式重新补给陆地生态系统，最后由陆地生态系统消耗。这些蓝水资源的再分配形式主要包括三个方面：灌溉、渠道渗漏和非饱和土壤层水势差引起的毛细水上升。研究区域每年大约有36.3亿m^3的蓝水资源用来灌溉，其中约8.2亿m^3来自井水，28.1亿m^3来自河水。另外由于灌溉系统的缘故，每年平均约8.3亿m^3的蓝水通过渠道渗漏补给土壤供生态系统使用。此外，还有约5.5亿m^3的蓝水通过毛细作用补充土壤水分。研究区域内这些蓝水再分配过程对生态系统来说都是非常重要的，特别是农业生态系统，其需水量远远超过储存在根部区域的绿水资源。

本书蓝绿水的研究区域覆盖了黑河流域的中下游，降水仍是该研究区域的主要水资源来源途径，另外来源于黑河流域上游的一部分水资源对于该区域的生态系统也极其重要。水资源供需不平衡导致对地下水的开采速度达到了2.4亿m^3/a。地下水的过度开采对人类和生态系统都会产生严重的影响，这对流域管理来说是一个严峻的问题。而且绿水储存和绿水消耗的不平衡也会导致更多的蓝水被用于陆地生态系统消耗。本章对蓝绿水组分流动分析能够帮助我们在水资源平衡方面进一步了解生态-水文过程和水资源管理的关键问题。

4.2.2 不同生态系统蓝绿水流动规律

不同的生态系统有着不同的水文过程机制，因此，不同生态系统使用水资源的情况也各不相同（Savenije and Hrachowitz，2017）。另外，水资源的时空不均衡性也会对生态系统的水资源使用情况产生影响。因此，分析不同生态系统的蓝绿水资源使用机制对流域水资源有效管理是非常必要的。本书分析了研究区域四种不同生态系统的蓝绿水资源流动规律，包括农田生态系统、森林生态系统、草地生态系统和戈壁沙漠生态系统。图4-3展示了这四个生态系统详细的水通量及其流动信息。与图4-2不一样的是，图4-3中水资源通量是单位面积平均值，其单位为mm/a。图中箭头大小代表的水资源通量的大小，不同的颜色代表不同的水资源组分，如蓝色代表蓝水资源，绿色代表绿水资源，灰色代表水资源消耗，即蒸散发。

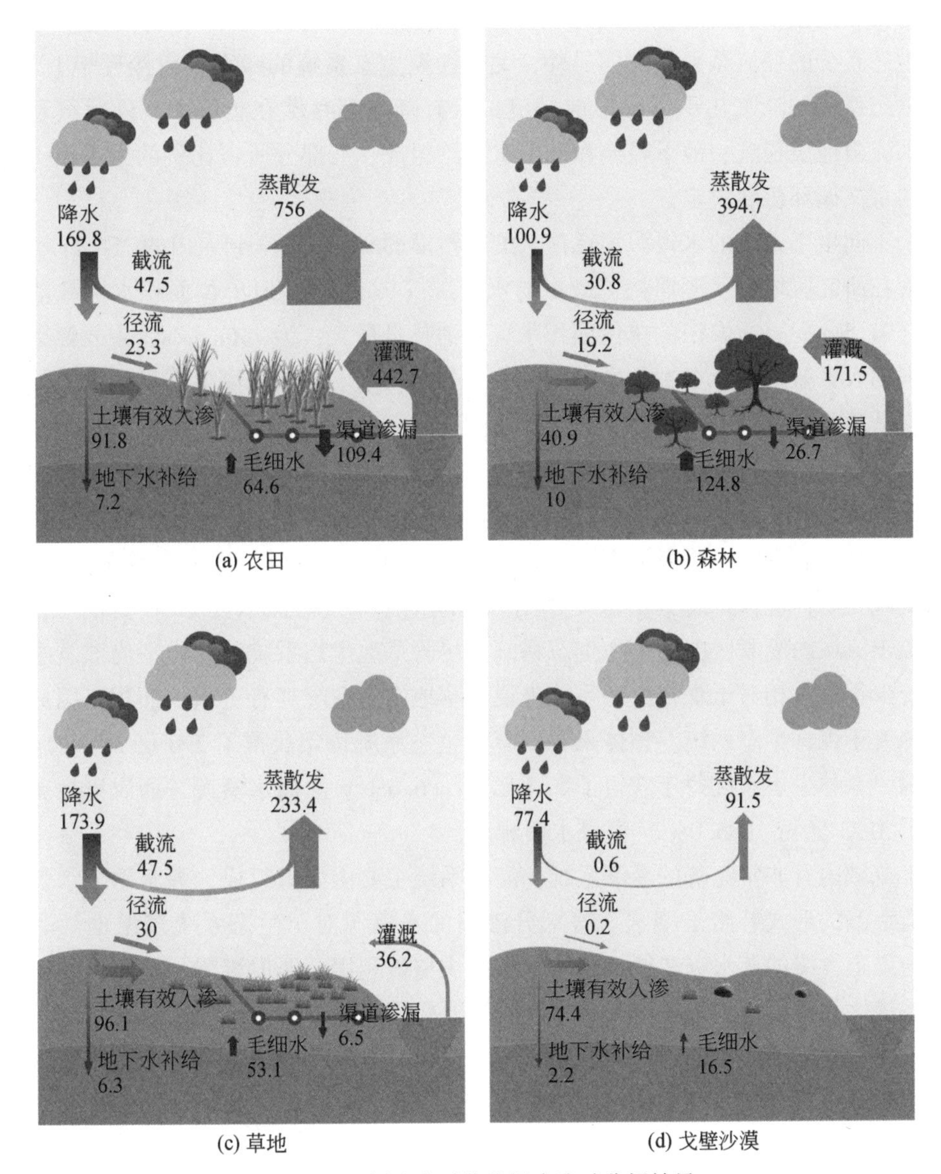

(a) 农田　(b) 森林　(c) 草地　(d) 戈壁沙漠

图 4-3　不同生态系统蓝绿水流动分析结果

分析结果显示，草地生态系统获得的年平均降水量最大（173. 9mm），农田生态系统的年平均降水量为 169. 8mm，森林生态系统年平均降水量为 100. 9mm，而戈壁沙漠生态系统年平均降水量只有 77. 4mm。根据蓝绿水资源的定义，降水到达地面后进行的雨水分割是形成蓝绿水极其重要的一步，存储在土壤中的水资源成为绿水资源，以径流形式流走的水资源成为蓝水资源。土地利用类型对于径流的影响作用巨大，在不同生态系统中雨水分割比率也是不同的，因此其绿水系数也不一样。本书中农田生态系统、森林生态系统、草地生态系统和戈壁沙漠生态系统的绿水系数分别是0.82、0.71、0.79和0.97。这也反映了森林生态系统的径流系数最大。另外，戈壁沙漠生态系统的绿水系数接近于1，说明戈壁沙漠生态系统的降水几乎无法形成径流，所有降水都存储在土壤中，最后蒸发返回大气。蓝水流由地表径流、地下径流和地下水补给组成，三部分所占比例的大小由不同生态系统不同水文循环机制决定。

四个不同生态系统的水资源消耗量从戈壁沙漠的91.5mm/a到农田的756mm/a各不相同。尽管在研究区域内沙漠消耗了最多的水资源（图4-2），但单位面积水资源消耗量却非常低（91.5mm/a）。农田的单位面积水资源消耗量最大，为756mm/a，主要原因是灌溉活动带来的大量蓝水资源在农田生态系统的再分配。除了戈壁沙漠生态系统，其他三个生态系统均从灌溉中获得了不同数量的蓝水资源。农田生态系统获得了442.7mm/a的灌溉蓝水资源，其是储存在土壤中的绿水资源的3倍之多。这是由于干旱地区的土壤中存储的绿水资源是有限的，无法满足作物生长的水资源需求，需要大量的额外的灌溉水资源。研究区域内森林生态系统也获得了171.5mm/a的灌溉水，这些灌溉主要来源于胡杨林灌溉，为黑河流域生态环境保护起到了重要作用。草地生态系统灌溉水仅为36.2mm/a，这部分主要来源于流域内灌溉区内的草地生态系统。尽管草地生态系统的单位平均灌溉水比森林生态系统少很多，相对于森林生态系统来说，草地生态系统拥有更大的面积，因此其总灌溉水资源大于森林生态系统。整体来看，草地生态系统每年获得了2.6亿m^3（7.4%）灌溉水资源，森林生态系统每年获得了2.4亿m^3（6.6%）灌溉水资源，而农田生态系统每年获得了31.3亿m^3（86.0%）灌溉水资源。

由于流域内有非常完善的灌溉系统，灌溉系统主要由渠道组成，灌溉季节水资源也会通过渠道渗漏的形式补给土壤水。这部分渗漏的水资源对于生态系统来说也是非常重要的，因为渠道渗漏的蓝水资源能补给土壤从而供植被利用。渠道渗漏一方面在整个研究区域生态系统之间水资源供需平衡关系中起着重要作用，另一方面也能反映流域内灌溉系统的灌溉效率。除了人类活动引起的蓝水资源再分配（灌溉和渠道渗漏），还有物理机制驱动下的蓝水资源再分配，如毛细力作用下的水分上移。受毛细力作用，地下水会上升直接补给土壤供给各生态系统使用。整体来看，森林生态系统的毛细水约为124.8mm/a，比降水带来的水资源还要多，远大于降水对地下水的补给。农田生态系统、草地生态系统以及戈壁沙漠生态系统毛细水相对较少，分别是64.6mm/a、53.1mm/a和16.5mm/a。其主要原因是森林生态系统植被根系较其他生态系统长，更容易吸收深层土壤水，造成更大的水势差。

4.2.3 自然和人类生态系统用水动态关系

黑河流域位于干旱半干旱区域，自然生态系统和人类社会的可用水资源极为有限。但是，农业发展对于黑河流域的经济发展来说是非常重要的，这就需要大量的水资源供给农田生态系统。为了支持农业发展，需要大量的蓝水资源用于灌溉。但是大量水资源用于人类生态系统，即农田生态系统，就会导致其他自然生态系统用水量减少。为了使人与自然之间用水平衡，分析研究人类生态系统与自然生态系统的用水机制以及它们之间的动态关系就显得十分必要。

本书选取支持黑河流域中下游经济发展的农田生态系统作为人类生态系统，选取包括森林生态系统、草地生态系统和戈壁沙漠生态系统在内的三种生态系统作为自然生态系统，分析人类和自然生态系统之间的用水动态关系。图 4-4 展示了人类生态系统与自然生态系统耗水量的关系，图中实心圆点代表人类生态系统的耗水率，即人类生态系统耗水占总耗水的比例。本书只考虑人类在农业方面的用水，因为工业和生活用水的总量加起来还不到黑河流域总用水量的 5%。另外，工业与生活用水通常不耗水，水资源利用后大部分取用水资源会通过管道重新流入河流。虽然忽略工业与家庭用水的确会对总用水量的计算产生误差，但是由于其量极小，只会产生微小误差，并且本书仅从水文角度来分析生态系统水资源消耗量对蓝绿水的影响。因此，本书并未考虑工业和生活用水对总水资源消耗的影响。

图 4-4 结果显示，人类生态系统中蓝水消耗量和水资源总消耗量均随时间变化，人类生态系统耗水比例在不同年份也不相同。图 4-4（a）显示 2001 ~ 2012 年人类生态系统蓝水消耗比例在 39.4% ~ 61.5%，图 4-4（b）显示 2001 ~ 2012 年人类生态系统总水资源消耗比例在 22.1% ~ 32.2%。无论是人类生态系统蓝水资源消耗比例还是总水资源消耗比例均与对应水资源量呈线性回归关系，且呈下降趋势。可用水资源量越大，人类生态系统水资源消耗比例就越小。这在一定程度上反映了人类生态系统在水资源配置中的优先级更高。当可用水资源量相对较小时，人类会优先把可用水资源分配给人类生态系统，即农田生态系统，这样其水资源消耗比例就会高。例如，农业可以带来经济收益。在比较干旱的年份（如 2004 年），将近 60% 的蓝水资源都用于人类社会，因为绿水对于农作物来说是远远不够的，需要其他水资源的补充。当可用水资源量相对较丰富时，农田生态系统得到了必要的水资源之后，就会有更多的水资源留给自然生态系统，这样人类生态系统耗水比例就会相对较低。例如，在相对湿润的年份（如 2007 年），水资源紧张缓解，仅需很少的蓝水便可以满足作物的需求。这样，更多的蓝水资源需要供给自然生态系统，人类的蓝水消耗率也会降低（39.4%）。

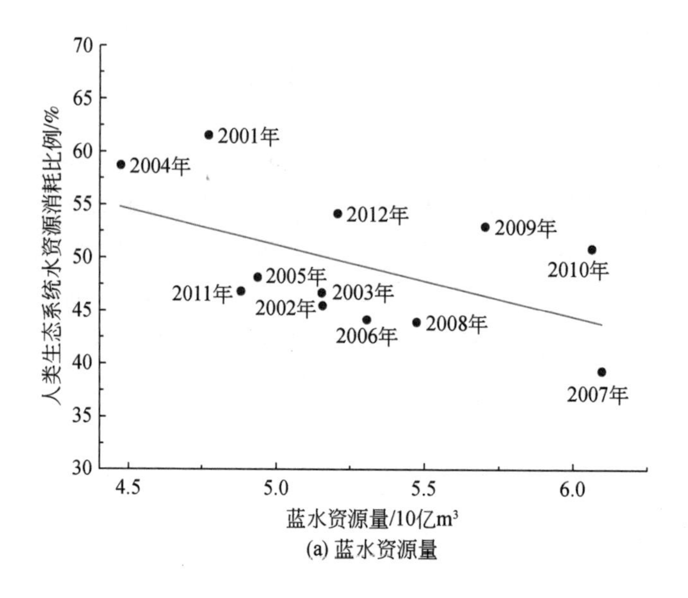

(a) 蓝水资源量

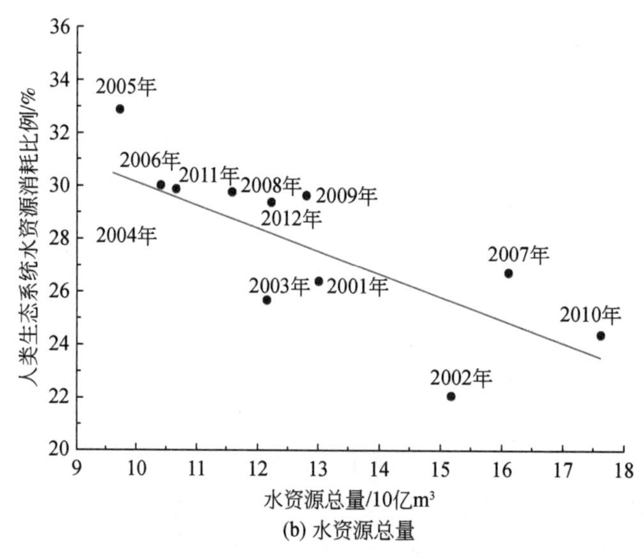

(b) 水资源总量

图 4-4　人类生态系统和自然生态系统水资源供需比例关系

本书结果也显示，如果人类的水资源消耗率持续上升，那么自然生态系统将会面临水危机（特别是蓝水使用的危机）。也就是说，人类和自然之间的用水竞争会导致自然生态系统的用水不足。这个研究结果能够帮助我们更好地了解人类生态系统与自然生态系统用水之间的关系，从而给水资源管理者提供合理建议，更好地平衡人类与自然之间的用水。

第5章　黑河流域蓝绿水-虚拟水转化规律

5.1　黑河流域甘临高地区产业间蓝绿水-虚拟水转化规律

5.1.1　产业蓝绿水和虚拟水耗水结构

甘临高地区实体水耗水和虚拟水耗水的产业耗水结构如图5-1和表5-1所示。甘临高地区总实体水耗水为7.25亿m³①。“农业”部门实体水耗水占甘临高地区总实体耗水的97.9%。其次依次是“电力、热力的生产和供应业”（0.8%），“食品制造及烟草加工业”

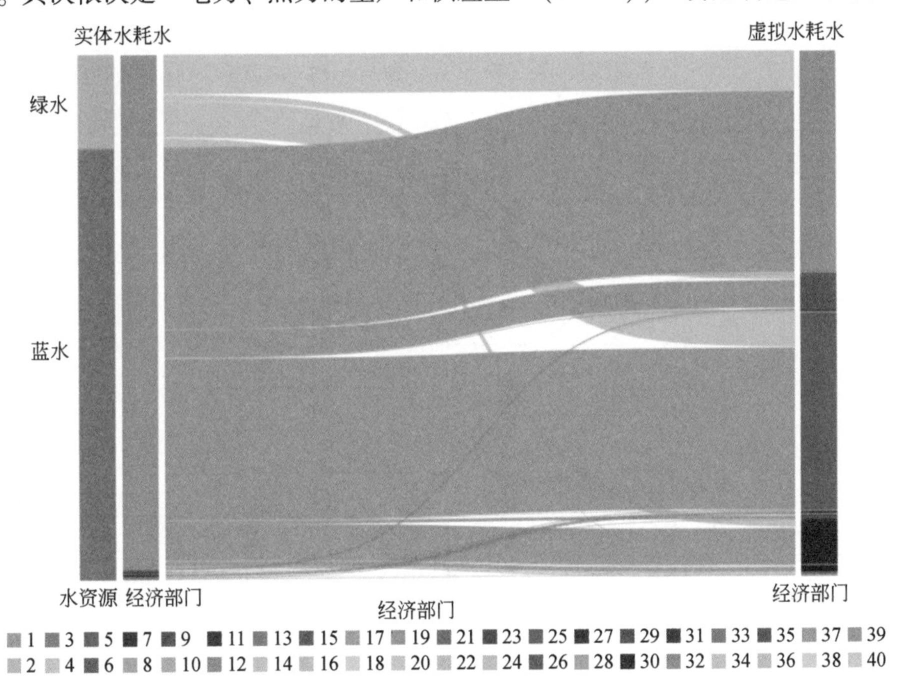

图5-1　甘临高经济部门间实体水和虚拟水转化关系

1～40表示不同经济部门，具体含义见表5-1

① 因本书对原数据进行保留小数位数及四舍五入的限制，在本章加和与比例存在不严格一致情况。

(0.5%)，“水的生产和供应业”(0.3%)，以及“非金属矿及其他矿采选业”(0.2%)。只有“农业”部门存在实体绿水耗水，为1.29亿m^3，占总实体耗水的17.8%。甘临高地区主要的实体蓝水耗水部门是“农业”部门，占总实体蓝水耗水的97.5%。其次依次是“电力、热力的生产和供应业”(1.0%)、“食品制造及烟草加工业”(0.6%)，“水的生产和供应业”(0.4%)，以及“非金属矿及其他矿采选业”(0.2%)。

表5-1　甘临高地区产业经济部门实体水和虚拟水耗水情况　(单位：万m^3)

	编号	经济部门	实体蓝水耗水	虚拟蓝水耗水	实体绿水耗水	虚拟绿水耗水
第一产业	1	农业	5.81×10^4	2.51×10^4	1.29×10^4	5.57×10^3
第二产业	2	煤炭开采和洗选业	0.00	1.81	0.00	0.38
	3	石油和天然气开采业	0.00	0.00	0.00	0.00
	4	金属矿采选业	0.01	127.26	0.00	25.78
	5	非金属矿及其他矿采选业	133.91	36.25	0.00	0.13
	6	食品制造及烟草加工业	341.17	4.05×10^3	0.00	846.10
	7	纺织业	0.00	0.00	0.00	0.00
	8	纺织服装鞋帽皮革羽绒及其制品业	0.00	0.00	0.00	0.00
	9	木材加工及家具制造业	0.00	0.00	0.00	0.00
	10	造纸印刷及文教体育用品制造业	4.31	15.89	0.00	2.82
	11	石油加工、炼焦及核燃料加工业	23.74	21.54	0.00	3.61
	12	化学工业	51.16	137.41	0.00	24.30
	13	非金属矿物制品业	61.38	18.63	0.00	1.25
	14	金属冶炼及压延加工业	29.83	28.00	0.00	4.66
	15	金属制品业	2.96	6.84	0.00	1.01
	16	通用、专用设备制造业	2.06	5.57	0.00	0.59
	17	交通运输设备制造业	0.00	0.00	0.00	0.00
	18	电气机械及器材制造业	0.00	0.00	0.00	0.00
	19	通信设备、计算机及其他电子设备制造业	0.00	0.00	0.00	0.00
	20	仪器仪表及文化办公用机械制造业	0.00	0.00	0.00	0.00
	21	其他制造业	0.03	2.25×10^4	0.00	4.96×10^3
	22	废品废料	0.00	0.00	0.00	0.00
	23	电力、热力的生产和供应业	587.67	512.38	0.00	24.42
	24	燃气生产和供应业	0.00	0.00	0.00	0.00
	25	水的生产和供应业	234.13	98.52	0.00	0.09
	26	建筑业	12.36	647.55	0.00	103.64
第三产业	27	交通运输、仓储和邮政业	0.12	5.00×10^3	0.00	1.11×10^3
	28	信息传输、计算机服务和软件业	0.25	40.06	0.00	5.38

续表

	编号	经济部门	实体蓝水耗水	虚拟蓝水耗水	实体绿水耗水	虚拟绿水耗水
第三产业	29	批发和零售业	1.93	105.50	0.00	16.68
	30	住宿和餐饮业	8.42	663.64	0.00	137.58
	31	金融业	1.78	62.16	0.00	11.30
	32	房地产业	0.50	49.55	0.00	7.75
	33	租赁和商务服务业	0.24	9.42	0.00	1.81
	34	科学研究、技术服务和地质勘查业	3.06	37.39	0.00	5.79
	35	水利、环境和公共设施管理业	0.42	17.80	0.00	2.74
	36	居民服务和其他服务业	0.04	59.90	0.00	10.16
	37	教育	65.89	127.46	0.00	8.68
	38	卫生、社会保障和社会福利业	16.45	57.15	0.00	9.19
	39	文化、体育和娱乐业	0.07	53.97	0.00	9.62
	40	公共管理和社会组织	1.20	80.24	0.00	10.33
合计			5.96×10^4	5.96×10^4	1.29×10^4	1.29×10^4

甘临高最终消费引起的虚拟水耗水同样为 7.25 亿 m^3，但各部门的最终消费虚拟水消耗与实体水消耗存在明显的差别。“农业”部门是最大的虚拟水耗水部门，占总虚拟水耗水的 42.3%。其次依次是“其他制造业”（37.9%）、“交通运输、仓储和邮政业”（8.4%）、“食品制造及烟草加工业”（6.8%）和“住宿和餐饮业”（1.1%）。虽然只有“农业”部门存在实体绿水耗水，但是实体绿水通过生产转化成虚拟水后并转移到其他经济部门，导致其他经济部门存在间接虚拟绿水耗水。因此“农业”部门的虚拟绿水耗水为 0.557 亿 m^3，仅占甘临高地区总绿水耗水的 43.2%。剩余 56.8% 的绿水隐含在农业产品中，通过中间产品转移到其他经济部门，“其他制造业”（38.4%）、“交通运输、仓储和邮政业”（8.6%）、“食品制造及烟草加工业”（6.6%）和其他经济部门（3.2%）。

5.1.2 产业间蓝绿水–虚拟水转化

实体水转化为虚拟水的过程可以通过生产角度进行分析（表 5-2）。实体水转化为虚拟水有两种形式：一种是中间需求驱动虚拟水消耗，另一种是最终需求驱动虚拟水消耗。“农业”部门作为主要的实体水耗水部门，其实体水主要转化为中间需求驱动虚拟水耗水，占“农业”部门耗水的 56.9%，而最终需求驱动虚拟水耗水占“农业”部门耗水的 43.1%。值得注意的是，不同经济部门的中间需求和最终需求驱动虚拟水耗水的差异性很大。一些部门的实体水主要转化为最终需求驱动虚拟水耗水，如“其他制造业”“教育”“公共管理和社会组织”的最终需求驱动虚拟水耗水分别占各经济部门实体水消耗的100.0%、97.0%和95.0%。而另一些部门的实体水主要转化为中间需求驱动虚拟水耗水，如“煤炭开采和洗选业”“非金属矿及其他矿采选业”“金属冶炼及压延加工业”的中间需求驱动虚拟水耗水分别占各经济部门实体水消耗的100.0%、74.2%和84.3%。

表5-2　甘临高地区生产角度实体蓝绿水耗水组成　(单位：万 m^3)

编号	经济部门	生产角度		
		实体水耗水 (PW_i)	最终需求驱动虚拟水 (VW_{ii})	中间需求驱动虚拟水 ($\sum VW_{ij}$)
1	农业	7.10×10^4	3.06×10^4	4.04×10^4
2	煤炭开采和洗选业	0.01	0.00	0.01
3	石油和天然气开采业	0.00	0.00	0.00
4	金属矿采选业	0.01	0.01	0.00
5	非金属矿及其他矿采选业	133.91	34.49	99.42
6	食品制造及烟草加工业	341.17	217.44	123.73
7	纺织业	0.00	0.00	0.00
8	纺织服装鞋帽皮革羽绒及其制品业	0.00	0.00	0.00
9	木材加工及家具制造业	0.00	0.00	0.00
10	造纸印刷及文教体育用品制造业	4.31	2.48	1.83
11	石油加工、炼焦及核燃料加工业	23.74	4.90	18.83
12	化学工业	51.16	21.64	29.52
13	非金属矿物制品业	61.38	6.85	54.53
14	金属冶炼及压延加工业	29.83	4.69	25.14
15	金属制品业	2.96	0.81	2.15
16	通用、专用设备制造业	2.06	1.91	0.15
17	交通运输设备制造业	0.00	0.00	0.00
18	电气机械及器材制造业	0.00	0.00	0.00
19	通信设备、计算机及其他电子设备制造业	0.00	0.00	0.00
20	仪器仪表及文化办公用机械制造业	0.00	0.00	0.00
21	其他制造业	0.03	0.03	0.00
22	废品废料	0.00	0.00	0.00
23	电力、热力的生产和供应业	587.67	373.37	214.30
24	燃气生产和供应业	0.00	0.00	0.00
25	水的生产和供应业	234.13	97.54	136.59
26	建筑业	12.36	10.79	1.56

续表

编号	经济部门	生产角度		
		实体水耗水 (PW_i)	最终需求驱动虚拟水 (VW_{ii})	中间需求驱动虚拟水 ($\sum VW_{ij}$)
27	交通运输、仓储和邮政业	0. 12	0. 09	0. 03
28	信息传输、计算机服务和软件业	0. 25	0. 22	0. 02
29	批发和零售业	1. 93	1. 16	0. 78
30	住宿和餐饮业	8. 42	6. 78	1. 64
31	金融业	1. 78	1. 01	0. 77
32	房地产业	0. 50	0. 45	0. 05
33	租赁和商务服务业	0. 24	0. 05	0. 19
34	科学研究、技术服务和地质勘查业	3. 06	2. 11	0. 94
35	水利、环境和公共设施管理业	0. 42	0. 24	0. 17
36	居民服务和其他服务业	0. 04	0. 03	0. 02
37	教育	65. 89	63. 91	1. 98
38	卫生、社会保障和社会福利业	16. 45	8. 48	7. 97
39	文化、体育和娱乐业	0. 07	0. 06	0. 01
40	公共管理和社会组织	1. 20	1. 14	0. 06
合计		7.25×10^4	3.15×10^4	4.11×10^4

从消费角度可以考察不同产业最终需求所消耗的虚拟水驱动了多少直接实体水和间接实体水向虚拟水转化。各经济部门的直接实体水耗水和间接实体水耗水情况见表 5-3。从表 5-3 可知，“农业”“电力、热力的生产和供应业”“水的生产和供应业”“非金属矿及其他矿采选业”的直接实体水消耗大于间接实体水消耗，其中各部门虚拟水耗水分别由 99. 7%、69. 6%、98. 9% 和 94. 8% 的直接实体水转化而来。但是大多数工业部门和服务业部门的间接实体水消耗大于直接实体水消耗，但所占比例差异较大。例如，“其他制造业”作为第二大虚拟水耗水部门，接近 100% 的虚拟水耗水由间接实体水消耗转化而来。而对于“教育”部门，虚拟水耗水的 53. 1% 来自间接实体水耗水。对于大多数服务业部门，95% 以上的虚拟水耗水由间接实体水耗水转化而来。

表 5-3　甘临高地区消费角度虚拟蓝绿水耗水组成　（单位：万 m^3）

编号	经济部门	消费角度		
		虚拟水耗水 (VW_i)	直接实体水耗水 (VW_{ii})	间接实体水耗水 ($\sum VW_{ji}$)
1	农业	3.07×10^4	3.06×10^4	65. 64

续表

编号	经济部门	消费角度		
		虚拟水耗水 （VW_i）	直接实体水耗水 （VW_{ii}）	间接实体水耗水 （$\sum VW_{ji}$）
2	煤炭开采和洗选业	2.19	0.00	2.19
3	石油和天然气开采业	0.00	0.00	0.00
4	金属矿采选业	153.03	0.01	153.03
5	非金属矿及其他矿采选业	36.38	34.49	1.89
6	食品制造及烟草加工业	4.90×10^3	217.44	4.68×10^3
7	纺织业	0.00	0.00	0.00
8	纺织服装鞋帽皮革羽绒及其制品业	0.00	0.00	0.00
9	木材加工及家具制造业	0.00	0.00	0.00
10	造纸印刷及文教体育用品制造业	18.71	2.48	16.23
11	石油加工、炼焦及核燃料加工业	25.15	4.90	20.25
12	化学工业	161.70	21.64	140.06
13	非金属矿物制品业	19.88	6.85	13.03
14	金属冶炼及压延加工业	32.66	4.69	27.97
15	金属制品业	7.84	0.81	7.04
16	通用、专用设备制造业	6.16	1.91	4.24
17	交通运输设备制造业	0.00	0.00	0.00
18	电气机械及器材制造业	0.00	0.00	0.00
19	通信设备、计算机及其他电子设备制造业	0.00	0.00	0.00
20	仪器仪表及文化办公用机械制造业	0.00	0.00	0.00
21	其他制造业	2.74×10^4	0.03	2.74×10^4
22	废品废料	0.00	0.00	0.00
23	电力、热力的生产和供应业	536.80	373.37	163.44
24	燃气生产和供应业	0.00	0.00	0.00
25	水的生产和供应业	98.61	97.54	1.07
26	建筑业	751.19	10.79	740.40
27	交通运输、仓储和邮政业	6.11×10^3	0.09	6.11×10^3
28	信息传输、计算机服务和软件业	45.44	0.22	45.21
29	批发和零售业	122.18	1.16	121.02
30	住宿和餐饮业	801.22	6.78	794.44
31	金融业	73.46	1.01	72.45

续表

编号	经济部门	消费角度		
		虚拟水耗水（VW_i）	直接实体水耗水（VW_{ii}）	间接实体水耗水（$\sum VW_{ji}$）
32	房地产业	57.30	0.45	56.84
33	租赁和商务服务业	11.23	0.05	11.19
34	科学研究、技术服务和地质勘查业	43.17	2.11	41.06
35	水利、环境和公共设施管理业	20.53	0.24	20.29
36	居民服务和其他服务业	70.06	0.03	70.03
37	教育	136.14	63.91	72.23
38	卫生、社会保障和社会福利业	66.34	8.48	57.86
39	文化、体育和娱乐业	63.59	0.06	63.53
40	公共管理和社会组织	90.56	1.14	89.42
合计		7.25×10^4	3.15×10^4	4.11×10^4

5.1.3 产业间虚拟水转移与关联效应分析

1. 产业间虚拟水转移分析

表 5-4 显示的是甘临高地区三个产业间虚拟水转移。2012 年甘临高地区实体蓝水直接消耗为 5.96 亿 m³，其中有 55.9% 用于部门间的虚拟水转移（3.33 亿 m³）。按产业划分，第一产业实体蓝水直接消耗中有 56.9% 以虚拟水形式转移给第二产业和第三产业，而第二产业和第三产业向外转移的比例分别为 20.0% 和 30.0%。第一产业为满足其最终需求从其他产业仅转入 0.3% 的虚拟水，而第二产业和第三产业则分别转入 95.7% 和 98.4% 的虚拟水，其中主要来自第一产业。实体绿水直接消耗为 1.29 亿 m³，其中有 56.6% 用于产业间的虚拟水转移（0.73 亿 m³）。第二产业和第三产业分别获得 0.60 亿 m³ 和 0.13 亿 m³ 的虚拟绿水。

表 5-4 甘临高地区三个产业间虚拟水分配及转移矩阵 （单位：亿 m³）

类型	产业名称	第一产业	第二产业	第三产业	直接耗水合计	向外转移	内部分配
蓝水	第一产业	2.50	2.70	0.60	5.80	3.30	2.50
	第二产业	6.50×10^{-3}	0.12	0.02	0.15	0.03	0.12
	第三产业	0.00	3.00×10^{-3}	9.60×10^{-3}	0.01	3.00×10^{-3}	9.60×10^{-3}
	最终需求耗水合计	2.51	2.82	0.63	5.96	3.33	2.63
	向内转移	6.50×10^{-3}	2.70	0.62	3.33		

续表

类型	产业名称	第一产业	第二产业	第三产业	直接耗水合计	向外转移	内部分配
绿水	第一产业	0.56	0.60	0.13	1.29	0.73	0.56
	第二产业	0	0	0	0	0	0
	第三产业	0	0	0	0	0	0
	最终需求耗水合计	0.56	0.60	0.13	1.29	0.73	0.56
	向内转移	0	0.60	0.13	0.73		

可以看出，虚拟水的产业转移增加了第二产业和第三产业生产最终需求产品所需要的虚拟水量，即第二产业和第三产业的发展拉动了第一产业虚拟水的消耗。以第二产业为例，其直接实体蓝水消耗为0.15亿m^3，但其拉动第一产业向其转移2.70亿m^3的虚拟水，其最终需求产品生产所需要的虚拟蓝水量为2.82亿m^3。

2. 基于虚拟水的经济部门后向转移与前向转移

表5-5显示的是甘临高地区40个经济部门虚拟水的后向联系与前向联系。以往的后向联系与前向联系反映的是经济部门间的经济关联，即部门间因消费产品而产生的价值流。本书的后向联系与前向联系均以水量为单位（m^3/万元），分析部门间因虚拟水转移而产生的关联效应。为反映部门间的转移联系，将传统的前向联系和后向联系进一步分解为前向转移联系、后向转移联系和内部分配。虚拟水的后向转移联系反映的是某部门为生产单位最终需求产品而需要其他部门向其转入的虚拟水流；前向转移联系则反映的是某部门的下游各部门为生产单位最终需求产品而需要该部门向其他部门所转出的虚拟水流。

表5-5 甘临高地区后向转移联系与前向转移联系 （单位：m^3/万元）

编号	经济部门	前向转移联系		后向转移联系		内部分配	
		蓝水	绿水	蓝水	绿水	蓝水	绿水
1	农业	1328	295	2	0	685	152
2	煤炭开采和洗选业	0	0	3	1	0	0
3	石油和天然气开采业	0	0	0	0	0	0
4	金属矿采选业	0	0	31	6	0	0
5	非金属矿及其他矿采选业	12	0	16	1	316	0
6	食品制造及烟草加工业	6	0	292	64	17	0
7	纺织业	0	0	0	0	0	0
8	纺织服装鞋帽皮革羽绒及其制品业	0	0	0	0	0	0
9	木材加工及家具制造业	0	0	0	0	0	0
10	造纸印刷及文教体育用品制造业	0	0	49	10	9	0

续表

编号	经济部门	前向转移联系		后向转移联系		内部分配	
		蓝水	绿水	蓝水	绿水	蓝水	绿水
11	石油加工、炼焦及核燃料加工业	2	0	23	5	7	0
12	化学工业	4	0	42	9	8	0
13	非金属矿物制品业	3	0	16	2	10	0
14	金属冶炼及压延加工业	4	0	28	6	6	0
15	金属制品业	0	0	16	3	2	0
16	通用、专用设备制造业	0	0	11	2	6	0
17	交通运输设备制造业	0	0	0	0	0	0
18	电气机械及器材制造业	0	0	0	0	0	0
19	通信设备、计算机及其他电子设备制造业	0	0	0	0	0	0
20	仪器仪表及文化办公用机械制造业	0	0	0	0	0	0
21	其他制造业	0	0	371	82	0	0
22	废品废料	0	0	0	0	0	0
23	电力、热力的生产和供应业	34	0	9	2	25	0
24	燃气生产和供应业	0	0	0	0	0	0
25	水的生产和供应业	27	0	8	1	806	0
26	建筑业	0	0	15	2	0	0
27	交通运输、仓储和邮政业	0	0	254	56	0	0
28	信息传输、计算机服务和软件业	0	0	8	1	0	0
29	批发和零售业	0	0	7	1	0	0
30	住宿和餐饮业	0	0	100	21	1	0
31	金融业	0	0	13	2	0	0
32	房地产业	0	0	6	1	0	0
33	租赁和商务服务业	0	0	16	3	0	0
34	科学研究、技术服务和地质勘查业	0	0	13	2	1	0
35	水利、环境和公共设施管理业	0	0	9	1	0	0
36	居民服务和其他服务业	0	0	17	3	0	0
37	教育	0	0	6	1	6	0
38	卫生、社会保障和社会福利业	1	0	15	3	3	0
39	文化、体育和娱乐业	0	0	19	3	0	0
40	公共管理和社会组织	0	0	4	1	0	0
合计		1421	295	1421	295	1908	152

传统的前向联系公式反映的是一个部门对包含自身部门的所有部门虚拟水使用的推动作用，而分解后的前向联系公式能够清楚地反映一个部门对其他部门虚拟水使用的推动作用。按照传统的前向联系公式（内部分配和前向转移联系之和），甘临高一些部门的前向联系较大。例如，“水的生产供应业”前向联系为833 m^3/万元。但可以看出，其中大部分为内部分配（806m^3/万元），而其前向转移联系仅为27m^3/万元。因此分解后的结果是，甘临高“农业”部门是前向转移联系中绝对主导部门，且其蓝水和绿水的前向转移联系分别为1328m^3/万元和295m^3/万元。其他部门前向转移联系与“农业”部门相比几乎可以忽略，如蓝水前向转移联系第二大部门“电力、热力的生产和供应业”仅为34m^3/万元，绿水其他部门的前向转移联系均为0。

虚拟蓝水和虚拟绿水后向转移联系较大的部门依次为“其他制造业”（蓝水371m^3/万元，绿水82m^3/万元），“食品制造及烟草加工业”（蓝水292m^3/万元，绿水64m^3/万元），“交通运输、仓储和邮政业”（蓝水254m^3/万元，绿水56m^3/万元），“住宿和餐饮业”（蓝水100m^3/万元，绿水21m^3/万元）。说明这些部门是拉动其他部门尤其是“农业”部门向其转移虚拟水最大的部门。对于内部分配来说，绿水内部分配仅有“农业”部门产生内部分配，蓝水内部分配较大的部门包括“水的生产和供应业”“农业”“非金属矿及其他矿采选业”，说明这些部门自身生产所需要的直接水资源投入较大。

5.2 黑河流域甘临高地区与外部区域间蓝绿水-虚拟水转化规律

5.2.1 黑河流域甘临高地区与外部区域间蓝水-虚拟水转化

图5-2显示的是甘临高地区与外部区域间的实体蓝水与虚拟蓝水转化。从生产角度来看，2007年甘临高地区实体蓝水耗水量为5.67亿m^3。其中66.5%（3.77亿m^3）的蓝水转化成虚拟水用于本地的最终需求。而剩余33.5%（1.90亿m^3）的蓝水转化成虚拟水流出其他区域用于最终需求，山东省、上海市、江苏省、河南省和北京市依次是甘临高虚拟蓝水流出排名前五的省（直辖市），分别占甘临高总蓝水的4.4%、3.2%、3.0%、2.7%和2.1%。从消费角度来看，2007年甘临高地区虚拟蓝水耗水量为4.72亿m^3。其中79.9%（3.77亿m^3）的虚拟水由甘临高本地蓝水资源转化而成；剩余20.1%（约0.95亿m^3）的虚拟水由其他区域的蓝水资源转化而来，其中排名前五的省份依次是江苏省、新疆维吾尔自治区、甘肃省内非甘临高地区、河南省和陕西省，分别占甘临高虚拟蓝水耗水的4.0%、2.3%、1.6%、1.5%和1.1%。

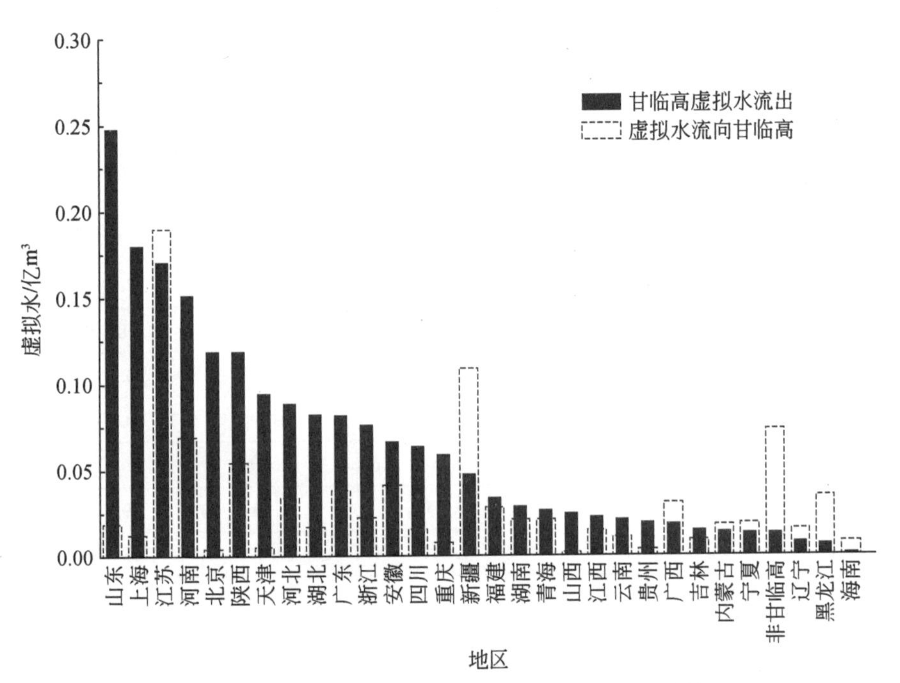

图 5-2 甘临高与中国区域间实体蓝水-虚拟蓝水转化

表 5-6 和表 5-7 显示的是从经济部门的角度来分析甘临高地区与外部区域间的实体蓝水与虚拟蓝水转化。从表 5-6 中可知，甘临高地区实体蓝水用于生产后转化成虚拟水有两个去向：一个是流向本地，用于本地的最终需求；另一个是流向外部区域，用于外部区域的最终需求。流向本地的虚拟水（3.77 亿 m^3）中，92.6% 来自本地“农业”部门提供的产品或服务、3.4% 来自本地“其他制造业”提供的产品、1.1% 来自本地“建筑业”生产产品、0.6% 来自本地“食品制造及烟草加工业”提供的产品、0.4% 来自本地“电力、热力的生产和供应业”提供的产品。而本地流出到外部区域的虚拟水（1.90 亿 m^3），主要是甘临高地区“农业”部门流出的虚拟水，占 95.8%（1.82 亿 m^3）。从表 5-7 中可知，甘临高蓝水资源流出到外部区域的虚拟水中，76.3% 用于外部区域“农业”部门生产产品（1.45 亿 m^3），18.0% 用于外部区域“食品制造及烟草加工业”生产产品，1.7% 用于外部区域“电力、热力的生产和供应业”生产产品，1.5% 用于外部区域“其他服务业”提供服务，1.1% 用于外部区域“化学工业”生产产品。

表 5-6 甘临高各经济部门与外部区域间实体蓝水-虚拟蓝水转化 （单位：万 m^3）

编号	经济部门	实体水耗水		虚拟水耗水	
		本地最终需求耗水	外部最终需求耗水	本地直接耗水	外部间接耗水
1	农业	3.49×10^4	1.82×10^4	2.30×10^4	2.20×10^3

续表

编号	经济部门	实体水耗水		虚拟水耗水	
		本地最终需求耗水	外部最终需求耗水	本地直接耗水	外部间接耗水
2	煤炭开采和洗选业	34. 19	39. 11	3. 89	177. 28
3	石油和天然气开采业	0. 00	0. 00	0. 00	278. 46
4	金属矿采选业	63. 05	3. 89	215. 70	58. 21
5	非金属矿及其他矿采选业	2. 92	0. 88	2. 58	13. 25
6	食品制造及烟草加工业	234. 95	247. 19	2.28×10^3	1.59×10^3
7	纺织业	0. 00	0. 00	0. 00	2. 02
8	纺织服装鞋帽皮革羽绒及其制品业	0. 00	0. 00	0. 00	237. 87
9	木材加工及家具制造业	0. 00	0. 00	0. 00	279. 47
10	造纸印刷及文教体育用品制造业	9. 45	1. 31	29. 45	511. 66
11	石油加工、炼焦及核燃料加工业	42. 41	32. 70	15. 58	138. 47
12	化学工业	101. 70	70. 73	144. 03	961. 14
13	非金属矿物制品业	139. 50	5. 99	11. 50	338. 79
14	金属冶炼及压延加工业	93. 35	24. 95	35. 63	77. 96
15	金属制品业	27. 19	5. 24	27. 14	229. 25
16	通用、专用设备制造业	7. 18	0. 21	13. 20	107. 39
17	交通运输设备制造业	0. 00	0. 00	0. 00	42. 75
18	电气机械及器材制造业	0. 00	0. 00	0. 00	233. 37
19	通信设备、计算机及其他电子设备制造业	0. 00	0. 00	0. 00	55. 87
20	仪器仪表及文化办公用机械制造业	0. 00	0. 00	0. 00	20. 61
21	其他制造业	1.27×10^3	105. 94	1.26×10^3	4. 46
22	电力、热力的生产和供应业	157. 79	244. 46	89. 53	1.33×10^3
23	燃气、水生产和供应业	3. 70	0. 75	2. 75	0. 00
24	建筑业	410. 57	6. 05	1.86×10^3	0. 00
25	交通运输及仓储业	58. 55	2. 78	6.86×10^3	0. 00
26	批发和零售业	35. 59	21. 81	108. 16	24. 98
27	住宿和餐饮业	18. 11	0. 87	1.17×10^3	155. 40
28	房地产业和社会服务业	22. 96	20. 90	5. 48	318. 76
29	研究与试验发展业	1. 94	3. 67	1. 42	1. 13
30	其他服务业	94. 24	38. 97	651. 37	57. 00
合计		3.77×10^4	1.90×10^4	3.77×10^4	9.45×10^3

表 5-7　外部区域各经济部门与甘临高地区虚拟蓝水流动关系（单位：万 m^3）

编号	经济部门	甘临高虚拟蓝水流出	外部虚拟蓝水流入甘临高
1	农业	1.45×10^4	4.96×10^3
2	煤炭开采和洗选业	7.35	164.41
3	石油和天然气开采业	0.00	213.08
4	金属矿采选业	4.79	34.13
5	非金属矿及其他矿采选业	0.90	12.70
6	食品制造及烟草加工业	3.42×10^3	116.54
7	纺织业	0.00	29.48
8	纺织服装鞋帽皮革羽绒及其制品业	0.00	48.05
9	木材加工及家具制造业	0.00	14.70
10	造纸印刷及文教体育用品制造业	0.91	289.36
11	石油加工、炼焦及核燃料加工业	24.84	110.78
12	化学工业	207.87	646.51
13	非金属矿物制品业	1.12	148.65
14	金属冶炼及压延加工业	64.44	103.69
15	金属制品业	7.03	23.49
16	通用、专用设备制造业	0.00	21.53
17	交通运输设备制造业	0.00	13.99
18	电气机械及器材制造业	0.00	31.60
19	通信设备、计算机及其他电子设备制造业	0.00	15.44
20	仪器仪表及文化办公用机械制造业	0.00	5.97
21	其他制造业	105.05	10.20
22	电力、热力的生产和供应业	313.75	2.16×10^3
23	燃气、水生产和供应业	0.02	1.43
24	建筑业	0.00	3.82
25	交通运输及仓储业	0.00	11.86
26	批发和零售业	74.88	17.68
27	住宿和餐饮业	0.00	27.74
28	房地产业和社会服务业	17.67	136.83
29	研究与试验发展业	19.08	12.55
30	其他服务业	287.54	61.42
合计		1.90×10^4	9.45×10^3

甘临高地区生产满足最终需求的产品所需的虚拟蓝水包括两部分：一部分是来自本地的实体蓝水投入生产转化而来的虚拟水；另一部分是隐含在外部区域提供本地生产所需的

中间产品中，由外部实体蓝水转化而来的虚拟水。从表5-6中可知，由本地实体蓝水转化而来的虚拟水中，61.0%（2.30亿m^3）用于本地“农业”部门生产产品，18.2%用于本地“交通运输及仓储业”提供服务、6.0%用于本地“食品制造及烟草加工业”生产产品、4.9%用于本地“建筑业”生产产品、3.3%用于本地“其他制造业”生产产品。而由外部区域实体蓝水转化而来的虚拟水中，23.3%（0.22亿m^3）用于本地“农业”部门生产产品、16.8%用于本地“食品制造及烟草加工业”生产产品、14.1%用于“电力、热力的生产和供应业”生产产品、10.2%用于本地“化学工业”生产产品。进一步分析来自外部区域实体蓝水资源转化而来的虚拟水，从表5-7中可知，52.5%（约0.50亿m^3）来自外部区域“农业”部门提供的产品和服务、22.9%来自外部区域“电力、热力的生产和供应业”提供的产品、6.8%来自外部区域“化学工业”提供的产品、3.1%来自外部区域“造纸印刷及文教体育用品制造业”提供的产品、2.3%来自外部区域“石油和天然气开采业”提供的产品。

5.2.2 黑河流域甘临高地区与外部区域间绿水-虚拟水转化

图5-3显示的是甘临高地区与外部区域间实体绿水与虚拟绿水转化。从生产角度来看，2007年甘临高地区实体绿水耗水量约为0.95亿m^3，其中65.8%（约0.63亿m^3）的

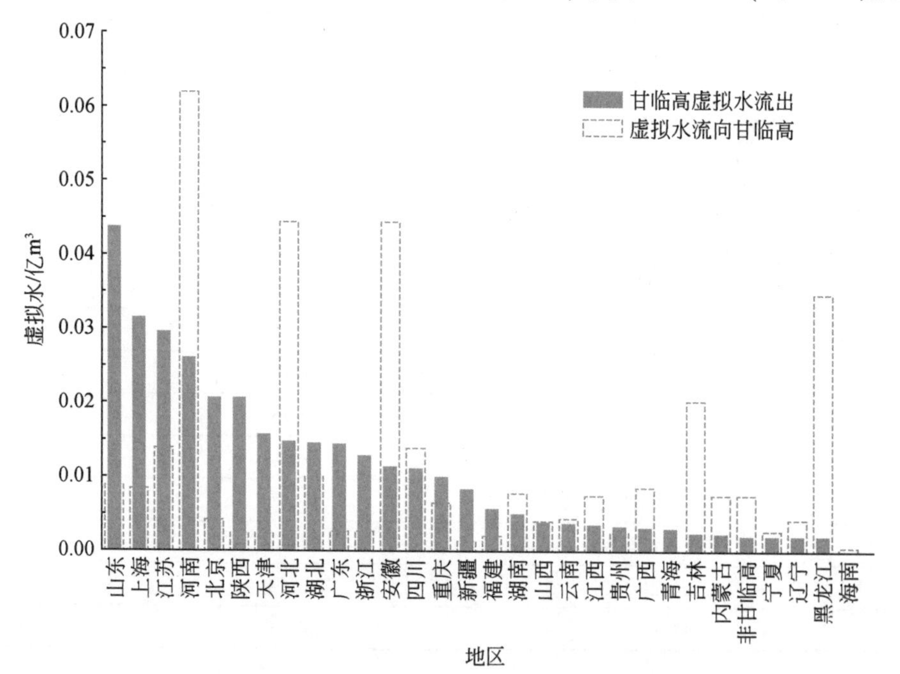

图5-3 甘临高与中国区域间实体绿水-虚拟绿水转化

绿水转化成虚拟绿水用于本地的最终需求；而 34.2%（约 0.33 亿 m^3）的绿水转化成虚拟水流出到其他区域。山东省、上海市、江苏省、河南省和北京市依次是甘临高虚拟绿水流出排名前五的省份，分别占甘临高总绿水的 4.6%、3.3%、3.1%、2.7% 和 2.2%。从消费角度来看，甘临高地区虚拟绿水耗水量约为 0.97 亿 m^3。其中 64.8%（约 0.63 亿 m^3）的虚拟水由甘临高本地绿水资源转化而成；剩余 35.2%（0.34 亿 m^3）的虚拟水由其他区域绿水资源，其中排名前五的省份依次是河南省、河北省、安徽省、黑龙江和吉林省，分别占甘临高虚拟绿水耗水的 6.4%、4.6%、4.6%、3.6% 和 2.1%。

表 5-8 和表 5-9 显示的是从经济部门的角度来分析甘临高地区与外部区域间的实体绿水与虚拟绿水转化。从表 5-8 中可知，甘临高地区总实体绿水耗水约为 0.95 亿 m^3。由于只有“农业”部门存在实体绿水耗水，甘临高地区虚拟绿水均由“农业”部门实体绿水转化而来，其中包括本地“农业”部门和外部区域的“农业”部门。实体绿水转化为虚拟绿水后，一部分虚拟绿水流到本地用于满足本地最终需求，占甘临高总实体绿水耗水的 65.8%；而剩余 34.2% 的实体绿水转化成虚拟水后以虚拟水形式流出到外部区域。从表 5-9 中可知，流出到外部区域的虚拟绿水中，78.5%（约 0.26 亿 m^3）用于外部区域“农业”部门生产产品，17.6% 用于外部区域“食品制造及烟草加工业”生产产品，1.1% 用于外部区域“其他服务业”提供服务，0.9% 用于外部区域“化学工业”生产产品，0.4% 用于外部区域“电力、热力的生产和供应业”生产产品。

表 5-8　甘临高各经济部门与外部区域间实体绿水-虚拟水转化（单位：万 m^3）

编号	经济部门	实体水耗水		虚拟水耗水	
		本地最终需求耗水	外部最终需求耗水	本地直接耗水	外部间接耗水
1	农业	6.26×10^3	3.26×10^3	4.09×10^3	1.41×10^3
2	煤炭开采和洗选业	0.00	0.00	0.15	18.98
3	石油和天然气开采业	0.00	0.00	0.00	1.27
4	金属矿采选业	0.00	0.00	23.97	1.75
5	非金属矿及其他矿采选业	0.00	0.00	0.12	1.27
6	食品制造及烟草加工业	0.00	0.00	381.69	1.08×10^3
7	纺织业	0.00	0.00	0.00	0.64
8	纺织服装鞋帽皮革羽绒及其制品业	0.00	0.00	0.00	76.5
9	木材加工及家具制造业	0.00	0.00	0.00	213.96
10	造纸印刷及文教体育用品制造业	0.00	0.00	3.88	100.8
11	石油加工、炼焦及核燃料加工业	0.00	0.00	0.64	3.17
12	化学工业	0.00	0.00	19.92	123.54
13	非金属矿物制品业	0.00	0.00	0.43	36.53
14	金属冶炼及压延加工业	0.00	0.00	3.97	11.29

续表

编号	经济部门	实体水耗水		虚拟水耗水	
		本地最终需求耗水	外部最终需求耗水	本地直接耗水	外部间接耗水
15	金属制品业	0.00	0.00	1.62	22.49
16	通用、专用设备制造业	0.00	0.00	0.72	19.97
17	交通运输设备制造业	0.00	0.00	0.00	3.94
18	电气机械及器材制造业	0.00	0.00	0.00	19.73
19	通信设备、计算机及其他电子设备制造业	0.00	0.00	0.00	3.21
20	仪器仪表及文化办公用机械制造业	0.00	0.00	0.00	2.61
21	其他制造业	0.00	0.00	5.23	1.07
22	电力、热力的生产和供应业	0.00	0.00	3.74	20.82
23	燃气、水生产和供应业	0.00	0.00	0.07	0.00
24	建筑业	0.00	0.00	208.28	0.00
25	交通运输及仓储业	0.00	0.00	1214.4	0.00
26	批发和零售业	0.00	0.00	10	5.2
27	住宿和餐饮业	0.00	0.00	201.84	96.18
28	房地产业和社会服务业	0.00	0.00	0.16	109.14
29	研究与试验发展业	0.00	0.00	0.18	0.11
30	其他服务业	0.00	0.00	81.88	14.32
合计		6.26×10^3	3.26×10^3	6.26×10^3	3.40×10^3

表 5-9　外部区域各经济部门与甘临高地区虚拟绿水流入流出（单位：万 m^3）

编号	经济部门	甘临高绿水虚拟水流出	外部绿水虚拟水流入甘临高
1	农业	2.56×10^3	3.40×10^3
2	煤炭开采和洗选业	0.29	0.00
3	石油和天然气开采业	0.00	0.00
4	金属矿采选业	0.53	0.00
5	非金属矿及其他矿采选业	0.04	0.00
6	食品制造及烟草加工业	574.01	0.00
7	纺织业	0.00	0.00
8	纺织服装鞋帽皮革羽绒及其制品业	0.00	0.00
9	木材加工及家具制造业	0.00	0.00
10	造纸印刷及文教体育用品制造业	0.12	0.00
11	石油加工、炼焦及核燃料加工业	1.01	0.00

续表

编号	经济部门	甘临高绿水虚拟水流出	外部绿水虚拟水流入甘临高
12	化学工业	28.75	0.00
13	非金属矿物制品业	0.04	0.00
14	金属冶炼及压延加工业	7.18	0.00
15	金属制品业	0.42	0.00
16	通用、专用设备制造业	0.00	0.00
17	交通运输设备制造业	0.00	0.00
18	电气机械及器材制造业	0.00	0.00
19	通信设备、计算机及其他电子设备制造业	0.00	0.00
20	仪器仪表及文化办公用机械制造业	0.00	0.00
21	其他制造业	0.43	0.00
22	电力、热力的生产和供应业	13.1	0.00
23	燃气、水生产和供应业	0.00	0.00
24	建筑业	0.00	0.00
25	交通运输及仓储业	0.00	0.00
26	批发和零售业	6.92	0.00
27	住宿和餐饮业	0.00	0.00
28	房地产业和社会服务业	0.51	0.00
29	研究与试验发展业	2.36	0.00
30	其他服务业	36.15	0.00
合计		3.26×10^3	3.40×10^3

从表 5-8 中可知，甘临高地区总虚拟绿水耗水约为 0.97 亿 m^3。虽然仅有“农业”部门存在实体绿水耗水，但是实体绿水耗水一旦进入生产会转化成虚拟水，并随着产品在经济部门间转移，导致除“农业”部门外，其他经济部门存在间接的绿水消耗。甘临高绿水资源流到本地的虚拟水（约 0.63 亿 m^3）中，65.3% 用于本地“农业”部门生产产品、19.4% 用于本地“交通运输及仓储业”提供服务、6.1% 用于本地“食品制造及烟草加工业”生产产品、3.3% 用于本地“建筑业”生产产品、3.2% 用于本地“住宿和餐饮业”生产产品。从表 5-8 中可知，由来自外部区域“农业”部门的绿水资源流入甘临高地区的虚拟水（0.34 亿 m^3）中，41.5% 用于本地“农业”部门生产产品、31.8% 用于本地“食品制造及烟草加工业”生产产品、6.3% 用于本地“木材加工及家具制造业”生产产品、3.6% 用于本地“化学工业”生产产品。

5.2.3　黑河流域甘临高地区与外部区域间虚拟水贸易引起的水资源节约情况

1. 甘临高地区水资源节约评价

图5-4和图5-5显示的是甘临高单个区域的水资源节约与损失情况。从图中可知，对于甘临高单个区域来说，甘临高地区总的蓝水资源和绿水资源均处于损失的状况。蓝水资源的损失量为0.66亿m^3，而绿水资源的损失量为0.15亿m^3。这是因为甘临高地区是一个净输出地区。甘临高与山东省、上海市、北京市、湖北省、江苏省等的贸易导致甘临高地区损失的蓝水资源量分别为0.18亿m^3、0.14亿m^3、902.90万m^3、600.00万m^3、578.50万m^3。而甘临高与甘肃省内非甘临高地区、陕西省、河南省、辽宁省、黑龙江省等的贸易使得甘临高地区节约的蓝水资源量分别为519.30万m^3、324.90万m^3、233.40万m^3、193.70万m^3、173.60万m^3。导致甘临高地区绿水资源损失的地区主要有山东省、上海市、江苏省、北京市、湖北省，损失的绿水资源量分别为347.00万m^3、263.00万m^3、172.00万m^3、168.00万m^3、107.00万m^3。然而黑龙江省、甘肃省内非甘临高地区、辽宁省、陕西省、广西省等与甘临高间的贸易，节约了甘临高地区的绿水资源量，分别为30.00万m^3、24.00万m^3、23.00万m^3、22.00万m^3、16.00万m^3。

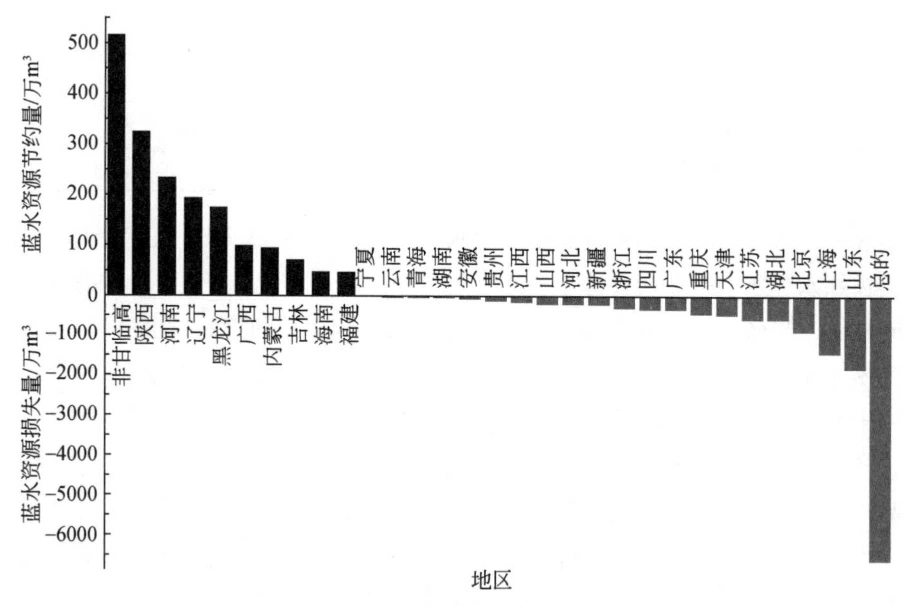

图5-4　甘临高地区蓝水资源节约与损失

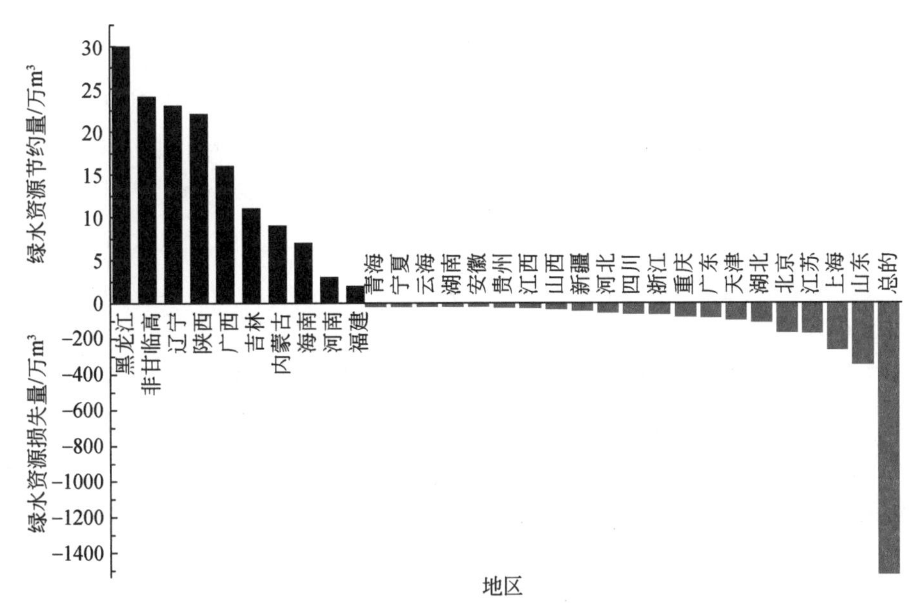

图 5-5　甘临高地区绿水资源节约与损失

2. 甘临高地区与外部区域虚拟水贸易引起的水资源节约评价

对于区域间的虚拟水贸易来说，虚拟水从用水效率高的地区流向用水效率低的地区意味着区域总体水资源的节约。图 5-6 显示的是甘临高与外部区域虚拟水贸易引起的中

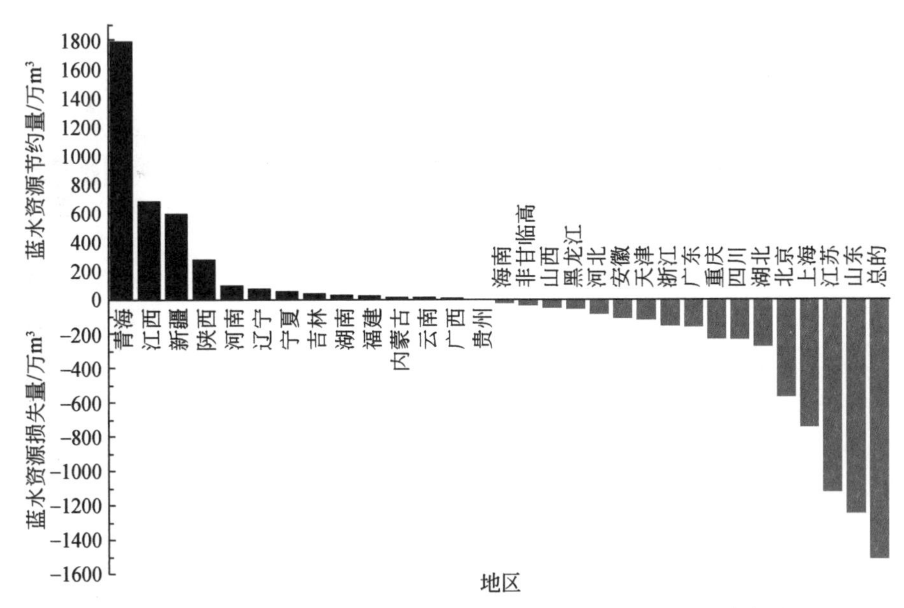

图 5-6　甘临高与外部区域虚拟水贸易引起的蓝水资源节约与损失

国整体蓝水资源节约情况。从图中可知，甘临高与外部区域虚拟水贸易从总体上导致中国蓝水资源的损失，损失的蓝水资源量为 0.15 亿 m^3。这主要是因为大部分甘临高虚拟水流向了用水效率较高的地区。甘临高与外部区域贸易引起的蓝水资源损失最大的五个地区依次是山东省、江苏省、上海市、北京市和湖北省，损失的蓝水资源量分别为 0.12 亿 m^3、0.11 亿 m^3、746.70 万 m^3、569.20 万 m^3 和 276.50 万 m^3。然而甘临高与青海省、江西省、新疆维吾尔自治区、陕西省、河南省等地区的虚拟水贸易导致蓝水资源节约，节约的蓝水资源量分别为 0.18 亿 m^3、683.2 万 m^3、592.60 万 m^3、276.90 万 m^3 和 100.70 万 m^3。

图 5-7 显示的是甘临高与外部区域虚拟水贸易引起的中国绿水资源节约情况。从图中可知，甘临高与外部区域虚拟水贸易导致中国整体呈现一个绿水资源节约的现象，节约的绿水资源量为 0.50 亿 m^3。上海市、山西省、北京市、重庆市、湖北省与甘临高的虚拟水贸易节约了甘临高地区的绿水资源，节约的绿水资源量分别为 0.27 亿 m^3、932.84 万 m^3、441.45 万 m^3、237.74 万 m^3 和 182.24 万 m^3。然而甘临高与黑龙江省、广东省、新疆维吾尔自治区、吉林省和浙江省等的虚拟水贸易导致了绿水资源的损失，损失的绿水资源量分别为 227.82 万 m^3、58.13 万 m^3、28.47 万 m^3、26.82 万 m^3 和 18.62 万 m^3。

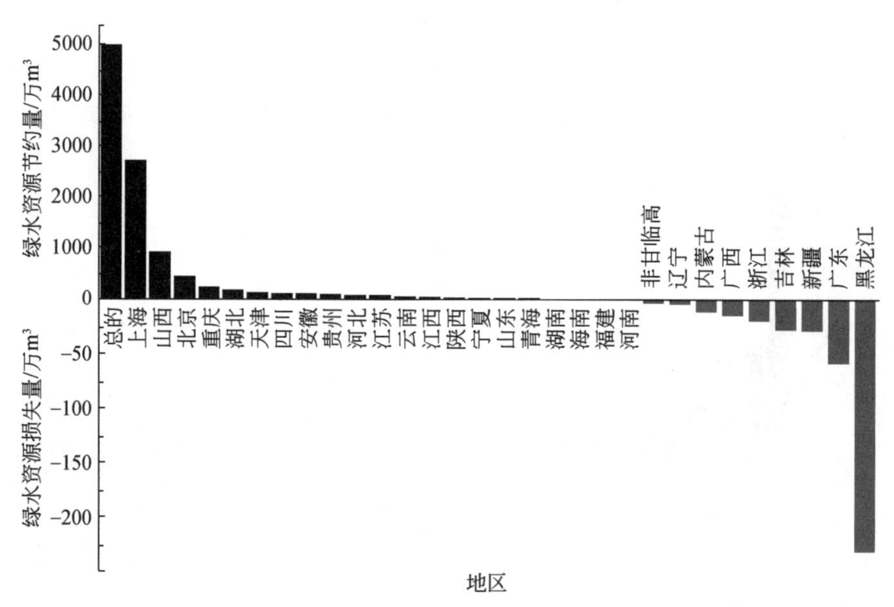

图 5-7　甘临高与外部区域虚拟水贸易引起的绿水资源节约与损失

5.3 黑河流域蓝绿水–虚拟水转化规律

水资源是黑河流域维持生态平衡的重要保障。脆弱的水资源基础条件以及人类活动对水资源过度和无序的开发利用，导致植被退化、土地沙化等，给当地人民的生活和生产带来了严重威胁。黑河流域上中下游用水矛盾尤其突出，其有限的水资源既要保证中游工农业生产的正常需求，又要确保向下游输水，恢复下游生态环境。为缓解黑河下游河湖干涸、荒漠化、生态环境恶化的局面，对上中下游进行合理的水资源分配是保护下游水资源与生态安全的唯一选择。

已有研究多是从实体水的角度分析上中下游水资源关系，并通过对上中下游实体水合理调度以满足下游生态需水，从而保护下游居延海及河岸胡杨林的生态健康（Chen et al.，2014）。例如，根据《2012—2013 年度黑河干流水量调度情况公告》，黑河流域 2012 年上中下游实体水调度量如下：全年上游向中游下泄 19.53 亿 m^3 的水量，中游则向下游下泄 11.91 亿 m^3 的水量。但以上调度方案并没有考虑虚拟水的影响。已有研究表明，一些地区向外输送实体水的同时，可以获得一定的虚拟水，或者相反，即区域之间存在实体水和虚拟水相反的流动关系。例如，Ma 等（2006）发现我国通过南水北调将实体水从南方调入北方，但虚拟水贸易的流动方向却是从北方向南方流动。那么对于黑河流域来说，上游向中游供给实体水的同时，中游给上游输送了多少虚拟水？中游与下游在实体水使用存在竞争的同时，是否向下游输送了虚拟水？为回答以上问题，有必要从实体水–虚拟水转化关系出发，将上中下游子流域间的实体水耗水、实体水调度以及虚拟水贸易综合纳入统一的评价体系中，分析上中下游流域间虚拟水流动关系及其对上中下游实体水消耗的影响和水资源保护的启示。

本章利用黑河流域 11 个市（县、区、旗）的单区域投入产出表，采用引力模型法编制黑河流域上中下游子流域间投入产出表，基于构建的产业间以及区域间蓝绿水–虚拟水定量评价方法，分析黑河流域产业间以及黑河流域上中下游子流域间的蓝绿水–虚拟水转化规律，为黑河流域合理分配蓝绿水–虚拟水资源，保护下游水生态环境提供技术支持。

5.3.1 黑河流域产业间蓝绿水–虚拟水转化规律

1. 黑河流域产业耗水强度

直接耗水强度是指某经济部门生产单位产品或服务需要消耗的实体水资源量，它是从生产角度反映区域各经济部门的耗水强度。但是从消费角度来看，任意一个经济部门生产满足最终需求所需的产品时，不仅需要消耗自身部门的水资源，还需要其他经济部门提供产品（即中间产品），而生产这些中间产品同样需要消耗水资源。完全耗水强度是指某经济部门增加一单位最终产品需要消耗的所有经济部门的总虚拟水耗水量，既包括消耗自身的水资源量，也包括其他经济部门生产该部门所需的中间产品所消耗的水资源量。完全耗水强度是从消费角度反映区域各经济部门的耗水强度。

表 5-10 ~ 表 5-12 分别显示的是黑河流域上游、中游、下游各经济部门蓝绿水的直接耗水强度和完全耗水强度。整体上看，上中下游三个子流域的第一产业蓝绿水耗水强度均远远高于第二产业和第三产业，说明黑河流域“农业”部门对水资源的依赖程度远远高于其他部门。对于同一作物，中游的作物蓝绿水直接耗水强度和完全耗水强度均低于上游和下游。说明中游农作物耗水的经济效率比上游和下游高。以完全耗水强度为例，对比小麦、玉米、油料、棉花、水果和蔬菜六种作物的耗水强度发现，上游油料作物的耗水强度最低（1691.63m^3/万元），其次是蔬菜（2829.11m^3/万元），小麦的耗水强度最高（5109.40m^3/万元）；中游耗水强度最低的作物是蔬菜（333.66m^3/万元），其次依次是油料（335.93m^3/万元）、棉花（471.62m^3/万元）、水果（762.86m^3/万元）、小麦（1626.05m^3/万元），玉米是中游耗水强度最高的作物（2028.35m^3/万元）；下游耗水强度最低的作物是蔬菜（444.91m^3/万元）、其次依次棉花（837.74m^3/万元）、水果（1299.52m^3/万元）、油料（1520.62m^3/万元）、玉米（2252.92m^3/万元），小麦是下游耗水强度最高的作物（2636.66m^3/万元）。

表 5-10　黑河流域上游各经济部门蓝绿水直接耗水强度和完全耗水强度（单位：m^3/万元）

编号	经济部门	蓝水		绿水	
		直接耗水强度	完全耗水强度	直接耗水强度	完全耗水强度
1	小麦	5108.62	5109.40	990.55	990.72
2	玉米	0.00	0.00	0.00	0.00
3	油料	1572.80	1691.63	349.55	375.96
4	棉花	0.00	0.00	0.00	0.00
5	水果	0.00	0.00	0.00	0.00
6	蔬菜	2828.40	2829.11	628.86	629.02
7	其他农业	128.07	134.14	28.48	29.82
8	煤炭开采和洗选业	0.00	0.15	0.00	0.03
9	石油和天然气开采业	0.00	0.00	0.00	0.00
10	金属矿采选业	0.33	1.01	0.00	0.12
11	非金属矿及其他矿采选业	0.00	0.22	0.00	0.04
12	食品制造及烟草加工业	0.00	35.58	0.00	7.90
13	纺织业	0.00	0.00	0.00	0.00
14	纺织服装、鞋、帽制造业	0.00	0.00	0.00	0.00

续表

编号	经济部门	蓝水		绿水	
		直接耗水强度	完全耗水强度	直接耗水强度	完全耗水强度
15	木材加工及家具制造业	0.00	0.00	0.00	0.00
16	造纸印刷及文教体育用品制造业	0.00	0.00	0.00	0.00
17	石油加工、炼焦及核燃料加工业	0.00	0.00	0.00	0.00
18	化学工业	0.00	0.00	0.00	0.00
19	非金属矿物制品业	0.04	0.17	0.00	0.03
20	金属冶炼及压延加工业	0.00	0.00	0.00	0.00
21	金属制品业	0.00	0.00	0.00	0.00
22	通用、专用设备制造业	0.00	0.00	0.00	0.00
23	交通运输设备制造业	0.00	0.00	0.00	0.00
24	电气机械及器材制造业	0.00	0.00	0.00	0.00
25	通信设备、计算机及其他电子设备制造业	0.00	0.00	0.00	0.00
26	仪器仪表及文化办公用机械制造业	0.00	0.00	0.00	0.00
27	工艺品及其他制造业	0.00	0.00	0.00	0.00
28	废品废料	0.00	0.00	0.00	0.00
29	电力、热力的生产和供应业	1.29	1.76	0.00	0.05
30	燃气生产和供应业	0.00	0.00	0.00	0.00
31	水的生产和供应业	0.00	0.23	0.00	0.05
32	建筑业	0.02	1.10	0.00	0.24
33	交通运输、仓储和邮政业	0.06	3.49	0.00	0.76
34	信息传输、计算机服务和软件业	0.00	0.26	0.00	0.04
35	批发和零售业	0.03	0.59	0.00	0.10
36	住宿和餐饮业	3.27	9.02	0.00	1.27
37	金融业	0.00	0.56	0.00	0.10
38	房地产业	0.00	0.35	0.00	0.06
39	租赁和商务服务业	0.45	0.97	0.00	0.09
40	科学研究、技术服务和地质勘查业	0.10	0.38	0.00	0.05
41	水利、环境和公共设施管理业	0.37	6.90	0.00	1.43
42	居民服务和其他服务业	0.00	3.49	0.00	0.70
43	教育	0.52	0.74	0.00	0.04
44	卫生、社会保障和社会福利业	0.01	0.21	0.00	0.04
45	文化、体育和娱乐业	0.00	0.27	0.00	0.04
46	公共管理和社会组织机关事业单位	0.14	0.40	0.00	0.04

表 5-11 黑河流域中游各经济部门蓝绿水直接耗水强度和完全耗水强度（单位：m³/万元）

编号	经济部门	蓝水		绿水	
		直接耗水强度	完全耗水强度	直接耗水强度	完全耗水强度
1	小麦	1538.70	1626.05	298.35	315.35
2	玉米	1955.78	2028.35	445.99	462.36
3	油料	311.85	335.93	69.31	74.54
4	棉花	381.60	471.62	84.84	104.83
5	水果	665.31	762.86	147.92	169.48
6	蔬菜	298.50	333.66	66.37	74.08
7	其他农业	198.27	252.87	44.08	55.96
8	煤炭开采和洗选业	1.25	30.07	0.00	6.22
9	石油和天然气开采业	0.00	0.00	0.00	0.00
10	金属矿采选业	1.37	4.14	0.00	0.36
11	非金属矿及其他矿采选业	3.89	8.86	0.00	0.84
12	食品制造及烟草加工业	4.95	115.15	0.00	24.13
13	纺织业	0.94	0.94	0.00	0.00
14	纺织服装、鞋、帽制造业	0.10	2.29	0.00	0.48
15	木材加工及家具制造业	17.59	77.52	0.00	13.21
16	造纸印刷及文教体育用品制造业	1.27	5.18	0.00	0.74
17	石油加工、炼焦及核燃料加工业	0.14	0.45	0.00	0.06
18	化学工业	1.31	24.72	0.00	5.04
19	非金属矿物制品业	4.41	8.78	0.00	0.75
20	金属冶炼及压延加工业	2.72	7.24	0.00	0.83
21	金属制品业	0.10	3.55	0.00	0.52
22	通用、专用设备制造业	1.02	5.31	0.00	0.77
23	交通运输设备制造业	0.02	0.02	0.00	0.00
24	电气机械及器材制造业	0.01	6.58	0.00	1.22
25	通信设备、计算机及其他电子设备制造业	0.00	0.00	0.00	0.00
26	仪器仪表及文化办公用机械制造业	0.00	0.00	0.00	0.00
27	工艺品及其他制造业	0.16	9.97	0.00	1.94
28	废品废料	0.00	7.33	0.00	1.55
29	电力、热力的生产和供应业	11.63	15.58	0.00	0.58
30	燃气生产和供应业	1.17	6.99	0.00	1.08
31	水的生产和供应业	36.16	40.88	0.00	0.88
32	建筑业	0.12	42.40	0.00	9.08

续表

编号	经济部门	蓝水		绿水	
		直接耗水强度	完全耗水强度	直接耗水强度	完全耗水强度
33	交通运输、仓储和邮政业	0.08	58.22	0.00	12.78
34	信息传输、计算机服务和软件业	0.01	3.29	0.00	0.59
35	批发和零售业	0.03	8.14	0.00	1.72
36	住宿和餐饮业	0.84	26.65	0.00	5.60
37	金融业	0.04	3.24	0.00	0.63
38	房地产业	0.03	3.68	0.00	0.70
39	租赁和商务服务业	0.02	2.87	0.00	0.47
40	科学研究、技术服务和地质勘查业	0.73	3.94	0.00	0.58
41	水利、环境和公共设施管理业	0.07	62.51	0.00	13.78
42	居民服务和其他服务业	0.49	24.36	0.00	5.22
43	教育	1.79	4.12	0.00	0.40
44	卫生、社会保障和社会福利业	0.51	6.25	0.00	1.16
45	文化、体育和娱乐业	0.01	6.11	0.00	1.18
46	公共管理和社会组织机关事业单位	0.26	3.43	0.00	0.55

表 5-12　黑河流域下游各经济部门蓝绿水直接耗水强度和完全耗水强度

（单位：m^3/万元）

编号	经济部门	蓝水		绿水	
		直接耗水强度	完全耗水强度	直接耗水强度	完全耗水强度
1	小麦	2620.35	2636.66	508.08	511.23
2	玉米	2251.74	2252.92	513.48	513.73
3	油料	1520.27	1520.62	337.88	337.93
4	棉花	774.26	837.74	172.15	186.25
5	水果	1288.26	1299.52	286.43	288.92
6	蔬菜	443.44	444.91	98.59	98.90
7	其他农业	307.38	317.10	68.34	70.34
8	煤炭开采和洗选业	0.00	0.32	0.00	0.05
9	石油和天然气开采业	0.00	0.00	0.00	0.00
10	金属矿采选业	6.51	8.36	0.00	0.07
11	非金属矿及其他矿采选业	0.17	0.70	0.00	0.10
12	食品制造及烟草加工业	1.77	35.41	0.00	7.00
13	纺织业	0.00	93.32	0.00	20.66
14	纺织服装、鞋、帽制造业	0.00	0.00	0.00	0.00

续表

编号	经济部门	蓝水		绿水	
		直接耗水强度	完全耗水强度	直接耗水强度	完全耗水强度
15	木材加工及家具制造业	0.00	0.00	0.00	0.00
16	造纸印刷及文教体育用品制造业	0.00	0.00	0.00	0.00
17	石油加工、炼焦及核燃料加工业	0.00	0.00	0.00	0.00
18	化学工业	0.25	0.64	0.00	0.07
19	非金属矿物制品业	0.03	0.30	0.00	0.03
20	金属冶炼及压延加工业	1.83	4.30	0.00	0.02
21	金属制品业	0.00	0.89	0.00	0.14
22	通用、专用设备制造业	0.00	0.00	0.00	0.00
23	交通运输设备制造业	0.00	0.00	0.00	0.00
24	电气机械及器材制造业	0.00	0.00	0.00	0.00
25	通信设备、计算机及其他电子设备制造业	0.00	0.00	0.00	0.00
26	仪器仪表及文化办公用机械制造业	0.00	0.00	0.00	0.00
27	工艺品及其他制造业	0.00	0.00	0.00	0.00
28	废品废料	0.00	0.00	0.00	0.00
29	电力、热力的生产和供应业	0.00	0.26	0.00	0.02
30	燃气生产和供应业	0.00	0.37	0.00	0.06
31	水的生产和供应业	0.00	0.35	0.00	0.05
32	建筑业	0.21	1.70	0.00	0.28
33	交通运输、仓储和邮政业	1.43	1.95	0.00	0.09
34	信息传输、计算机服务和软件业	0.00	0.45	0.00	0.08
35	批发和零售业	1.49	2.15	0.00	0.12
36	住宿和餐饮业	1.85	27.14	0.00	5.57
37	金融业	0.00	0.37	0.00	0.06
38	房地产业	0.66	1.13	0.00	0.06
39	租赁和商务服务业	0.00	1.14	0.00	0.23
40	科学研究、技术服务和地质勘查业	0.02	0.52	0.00	0.09
41	水利、环境和公共设施管理业	0.13	0.70	0.00	0.11
42	居民服务和其他服务业	0.01	0.54	0.00	0.10
43	教育	5.63	6.06	0.00	0.08
44	卫生、社会保障和社会福利业	0.34	0.58	0.00	0.04
45	文化、体育和娱乐业	0.00	6.10	0.00	1.31
46	公共管理和社会组织机关事业单位	0.05	0.86	0.00	1.15

黑河流域上中下游的“食品制造及烟草加工业”，中游的“建筑业”“交通运输、仓储和邮政业”“水利、环境和公共设施管理业”“居民服务和其他服务业”，中下游的“住宿和餐饮业”，下游的“纺织业”等经济部门的完全耗水强度显著高于直接耗水强度。这是因为这些经济部门需要其他经济部门提供大量的中间产品，进而间接消耗大量的虚拟水。因此，从消费角度来看，传统上（从生产角度看）一些被认为是低耗水强度（直接耗水强度）的经济部门在生产最终产品需要的中间产品时，可能成为高耗水强度（完全耗水强度）部门。以中游的“食品制造及烟草加工业”为例，该部门的完全耗水强度约是直接耗水强度的23倍。从绿水耗水强度来看，第二、第三产业的绿水直接耗水强度均为零，是因为这些部门不存在实体绿水耗水。但是从消费角度来看，第二、第三产业需要“农业”向其提供农产品作为生产所需的原材料等，导致第二、第三产业间接消耗绿水资源，因此存在完全耗水强度。

2. 黑河流域产业间蓝绿水–虚拟水转化

表5-13显示的是黑河流域蓝绿水转化为虚拟水并在产业间的转移。从生产角度来看，2012年黑河流域实体蓝水总耗水量为17.67亿m^3，其中第一、第二和第三产业分别占实体蓝水总耗水的95.4%、4.4%和0.2%。对于第一产业，72.5%（12.22亿m^3）的蓝水转化成虚拟水用于自身生产该产业的最终产品，而23.4%和4.1%的蓝水分别转移到第二和第三产业提供其生产所需的中间产品；对于第二产业，95.5%（约0.75亿m^3）的蓝水转化成虚拟水用于自身生产该产业的最终产品，而1.7%和2.8%的蓝水隐含在中间产品中并分别提供给第一和第三产业用于生产；对于第三产业，76.5%（221.66万m^3）的蓝水用于自身生产该产业的最终产品，而1.7%和21.8%的蓝水分别转移到第一和第二产业提供其生产所需的中间产品。

表5-13　黑河流域三个产业间的实体水与虚拟水转移　（单位：万m^3）

水资源	产业名称	第一产业	第二产业	第三产业	合计
蓝水	第一产业	12.22×10^4	3.94×10^4	7.02×10^3	16.85×10^4
	第二产业	132.55	7.52×10^3	217.62	7.87×10^3
	第三产业	4.84	63.32	221.66	289.82
	合计	12.23×10^4	4.69×10^4	7.46×10^3	17.67×10^4
绿水	第一产业	2.67×10^4	8.71×10^3	1.55×10^3	3.70×10^4

从具体经济部门来看（表5-14），第一产业的实体蓝水耗水中，“其他农业”、玉米、小麦、蔬菜、水果、油料、棉花的实体蓝水耗水分别占“农业”部门总实体蓝水耗水的28.2%、27.1%、15.2%、12.1%、11.1%、3.5%和2.8%。第二产业的实体蓝水耗水中，主要的实体水耗水部门是“金属冶炼及压延加工业”“电力、热力的生产和供应业”

“食品制造及烟草加工业”“金属矿采选业”“水的生产和供应业”，分别占第二产业总蓝水耗水的 41.7%、28.1%、11.8%、4.3% 和 4.2%。第三产业的实体蓝水耗水中，“教育”部门是主要的耗水部门，占第三产业总蓝水耗水的 35.3%；其次是“住宿和餐饮业”“卫生、社会保障和社会福利业”“交通运输、仓储和邮政业”“公共管理和社会组织机关事业单位”，分别占 19.9%、9.4%、8.4% 和 8.1%。

表 5-14　黑河流域各经济部门实体水与虚拟水耗水情况　（单位：万 m^3）

编号	经济部门	实体蓝水耗水	虚拟蓝水耗水	实体绿水耗水	虚拟绿水耗水
1	小麦	2.57×10^4	1.99×10^4	4.98×10^3	3.86×10^3
2	玉米	4.56×10^4	2.88×10^4	1.04×10^4	6.58×10^3
3	油料	5.95×10^3	4.54×10^3	1.32×10^3	1.01×10^3
4	棉花	4.72×10^3	3.63×10^3	1.05×10^3	806.70
5	水果	1.87×10^4	1.03×10^4	4.15×10^3	2.29×10^3
6	蔬菜	2.04×10^4	1.35×10^4	4.53×10^3	3.01×10^3
7	其他农业	4.75×10^4	4.15×10^4	1.05×10^4	9.18×10^3
8	煤炭开采和洗选业	54.65	494.85	0.00	102.33
9	石油和天然气开采业	0.00	0.00	0.00	0.00
10	金属矿采选业	342.31	423.20	0.00	24.03
11	非金属矿及其他矿采选业	146.40	288.33	0.00	27.58
12	食品制造及烟草加工业	927.91	1.75×10^4	0.00	3.67×10^3
13	纺织业	0.40	744.41	0.00	164.79
14	纺织服装、鞋、帽制造业	0.18	1.55	0.00	0.33
15	木材加工及家具制造业	18.94	24.68	0.00	4.21
16	造纸印刷及文教体育用品制造业	17.20	55.98	0.00	7.95
17	石油加工、炼焦及核燃料加工业	23.74	62.56	0.00	8.45
18	化学工业	118.12	434.73	0.00	88.58
19	非金属矿物制品业	302.75	115.02	0.00	9.89
20	金属冶炼及压延加工业	3.28×10^3	8.10×10^3	0.00	927.88
21	金属制品业	10.35	239.52	0.00	34.80
22	通用、专用设备制造业	20.61	59.54	0.00	8.64
23	交通运输设备制造业	0.04	0.02	0.00	0.00
24	电气机械及器材制造业	1.73	1.44×10^3	0.00	267.63
25	通信设备、计算机及其他电子设备制造业	0.00	0.00	0.00	0.00
26	仪器仪表及文化办公用机械制造业	0.00	0.00	0.00	0.00
27	工艺品及其他制造业	9.52	578.64	0.00	112.72

续表

编号	经济部门	实体蓝水耗水	虚拟蓝水耗水	实体绿水耗水	虚拟绿水耗水
28	废品废料	0.00	10.20	0.00	2.15
29	电力、热力的生产和供应业	2.21×10^3	1.11×10^3	0.00	41.43
30	燃气生产和供应业	1.71	8.95	0.00	1.39
31	水的生产和供应业	330.77	291.93	0.00	6.32
32	建筑业	52.71	1.49×10^4	0.00	3.19×10^3
33	交通运输、仓储和邮政业	24.22	2.78×10^3	0.00	608.57
34	信息传输、计算机服务和软件业	0.40	86.09	0.00	15.54
35	批发和零售业	18.46	1.33×10^3	0.00	280.12
36	住宿和餐饮业	57.59	819.33	0.00	171.10
37	金融业	2.30	69.60	0.00	13.50
38	房地产业	5.72	171.41	0.00	32.13
39	租赁和商务服务业	0.67	24.90	0.00	4.12
40	科学研究、技术服务和地质勘查业	10.39	31.56	0.00	4.68
41	水利、环境和公共设施管理业	1.85	1.08×10^3	0.00	239.27
42	居民服务和其他服务业	15.12	353.93	0.00	75.76
43	教育	102.29	156.44	0.00	13.99
44	卫生、社会保障和社会福利业	27.11	228.50	0.00	42.16
45	文化、体育和娱乐业	0.10	78.64	0.00	15.52
46	公共管理和社会组织机关事业单位	23.61	234.62	0.00	37.40

黑河流域虚拟蓝水总耗水量等于实体蓝水总耗水量，为17.67亿m^3，其中第一、第二和第三产业分别占虚拟蓝水总耗水的69.2%、26.6%和4.2%（表5-13）。与实体蓝水耗水相比，第一产业虚拟水耗水占总耗水的比例变小，减少了27%；而第二、第三产业所占的比例增加，分别增加了505%和2000%。这是因为第一产业生产最终产品所需的投入99.9%来自自身的投入。但是第二和第三产业生产最终产品或提供服务时，第一产业向第二和第三产业提供的虚拟水分别占各产业虚拟水耗水的84.0%和94.1%。从具体经济部门来看（表5-14），第一产业的虚拟蓝水耗水中，“其他农业”、玉米、小麦、蔬菜、水果、油料、棉花的虚拟蓝水耗水分别占“农业”部门总虚拟蓝水耗水的33.9%、23.6%、16.3%、11.1%、8.4%、3.7%和3.0%。第二产业主要的虚拟蓝水耗水部门是“食品制造及烟草加工业”“建筑业”“金属冶炼及压延加工业”“电气机械及器材制造业”“电力、热力的生产和供应业”，分别占第二产业总虚拟蓝水耗水的37.3%、31.8%、17.3%、3.1%和2.4%。第三产业的虚拟蓝水耗水中，“交通运输、仓储和邮政业”是主要的耗水部门，占第三产业总虚拟蓝水耗水的37.3%；其次是“批发和零售业”“水利、环境和公

共设施管理业”“住宿和餐饮业”“居民服务和其他服务业”，分别占17.8%、14.5%、11.0%和4.7%。

黑河流域实体绿水总耗水量为3.70亿m^3。虽然只有农业部门存在实体绿水的直接耗水，但是实体绿水在生产过程中转化成虚拟水隐含在产品中，通过产品在部门间流通，绿水进而转移到其他产业中。因此，2012年黑河流域第一产业的虚拟绿水耗水仅占总绿水耗水的72.3%，而23.5%的绿水转化成虚拟水转移到第二产业，剩余4.2%的绿水转移到第三产业（表5-13）。具体到各经济部门，黑河流域主要的实体绿水耗水部门是“其他农业”、玉米、小麦、蔬菜、水果、油料、棉花，分别占总绿水耗水的28.4%、28.1%、13.5%、12.3%、11.2%、3.6%和2.9%。而黑河流域主要的虚拟绿水耗水部门是“其他农业”、玉米、小麦、“食品制造及烟草加工业”、“建筑业”和蔬菜，分别占总绿水耗水的24.8%、17.8%、10.4%、9.9%、8.6%和8.1%（表5-14）。

3. 中游产业间蓝绿水-虚拟水转化

中游是黑河流域主要的社会经济发展区域，因此本书进一步重点分析中游产业间蓝绿水-虚拟水转化规律。表5-15显示的是黑河流域中游蓝绿水与虚拟水在三个产业间的转移。从生产角度来看，第一产业是中游主要的实体蓝水耗水部门，占中游总实体蓝水耗水的95.0%（15.01亿m^3）。其中69.9%的实体蓝水转化成虚拟水用于第一产业生产最终产品，25.6%和4.5%的蓝水分别转移到第二和第三产业提供其生产所需的中间产品。第二产业占中游总实体蓝水耗水的4.9%（约0.77亿m^3），其中95.5%的实体蓝水转化成虚拟水用于自身生产最终产品，1.7%和2.8%的蓝水分别转移到第一和第三产业提供其生产所需的中间产品；虽然第三产业的实体蓝水耗水仅占中游总实体蓝水耗水的0.1%（224.97万m^3），但是其中23.1%的实体蓝水转移到第二产业用于提供该产业生产所需的中间产品。从具体经济部门来看（表5-16），玉米、“其他农业”、小麦、水果、蔬菜、油料是中游主要的实体蓝水耗水经济部门，分别占中游总实体蓝水耗水的28.0%、25.9%、14.9%、11.1%、10.9%和3.3%。

从消费角度来看，黑河流域中游第一、第二和第三产业的虚拟蓝水耗水量分别占总虚拟蓝水耗水的66.4%（10.50亿m^3）、29.0%（4.58亿m^3）和4.6%（约0.72亿m^3）（表5-15）。第一产业是中游主要的虚拟蓝水供水产业，第二和第三产业生产最终产品时，第一产业向第二和第三产业提供的虚拟水分别占各产业总虚拟蓝水耗水的83.8%和94.6%。从具体经济部门来看（表5-16），“其他农业”、玉米、小麦、“食品制造及烟草加工业”、“建筑业”、蔬菜是主要的虚拟蓝水耗水部门，分别占中游总虚拟蓝水耗水的22.3%、17.3%、11.4%、10.9%、9.4%和6.6%。

中游第一产业的虚拟绿水耗水占总虚拟绿水耗水的69.6%（2.29亿m^3），25.8%的绿水转化成虚拟水转移到第二产业，剩余4.6%的绿水转移到第三产业（表5-15）。具体到各经济部门（表 5-16），中游主要的实体绿水耗水部门是玉米、“其他农业”、小麦、水果、蔬菜、油料、棉花，分别占总绿水耗水的 30.6%、27.6%、13.9%、11.8%、11.6%、3.6%和0.9%。而中游主要的虚拟绿水耗水部门是“其他农业”、玉米、“食品制造及烟草加工业”、小麦、“建筑业”和蔬菜，分别占总绿水耗水的23.6%、18.9%、11.0%、10.5%、9.7%和7.0%。

表 5-15　黑河流域中游三个产业间的实体水与虚拟水转移　（单位：万 m^3）

水资源	产业	第一产业	第二产业	第三产业	合计
蓝水	第一产业	10.49×10^4	3.84×10^4	6.82×10^3	15.01×10^4
	第二产业	129.31	7.34×10^3	216.94	7.69×10^3
	第三产业	2.58	52.08	170.31	224.97
	合计	10.50×10^4	4.58×10^4	7.21×10^3	15.81×10^4
绿水	第一产业	2.29×10^4	8.49×10^3	1.51×10^3	3.30×10^4

表 5-16　黑河流域中游各经济部门实体水耗水与虚拟水耗水情况（单位：万 m^3）

编号	经济部门	实体蓝水耗水	虚拟蓝水耗水	实体绿水耗水	虚拟绿水耗水
1	小麦	2.36×10^4	1.80×10^4	4.58×10^3	3.48×10^3
2	玉米	4.42×10^4	2.74×10^4	1.01×10^4	6.25×10^3
3	油料	5.29×10^3	3.94×10^3	1.18×10^3	874.23
4	棉花	1.31×10^3	335.24	290.64	74.52
5	水果	1.76×10^4	9.65×10^3	3.91×10^3	2.14×10^3
6	蔬菜	1.73×10^4	1.05×10^4	3.84×10^3	2.32×10^3
7	其他农业	4.09×10^4	3.52×10^4	9.09×10^3	7.80×10^3
8	煤炭开采和洗选业	54.65	492.76	0.00	102.00
9	石油和天然气开采业	0.00	0.00	0.00	0.00
10	金属矿采选业	181.67	254.79	0.00	22.43
11	非金属矿及其他矿采选业	145.79	285.96	0.00	27.26
12	食品制造及烟草加工业	916.25	1.73×10^4	0.00	3.63×10^3
13	纺织业	0.40	0.20	0.00	0.00
14	纺织服装、鞋、帽制造业	0.18	1.55	0.00	0.33
15	木材加工及家具制造业	18.94	24.68	0.00	4.21
16	造纸印刷及文教体育用品制造业	17.20	55.98	0.00	7.95
17	石油加工、炼焦及核燃料加工业	23.74	62.56	0.00	8.45
18	化学工业	117.94	434.58	0.00	88.57
19	非金属矿物制品业	302.64	114.75	0.00	9.85
20	金属冶炼及压延加工业	3.28×10^3	8.10×10^3	0.00	927.88

续表

编号	经济部门	实体蓝水耗水	虚拟蓝水耗水	实体绿水耗水	虚拟绿水耗水
21	金属制品业	10.35	239.28	0.00	34.76
22	通用、专用设备制造业	20.61	59.54	0.00	8.64
23	交通运输设备制造业	0.04	0.02	0.00	0.00
24	电气机械及器材制造业	1.73	1.44×10^3	0.00	267.63
25	通信设备、计算机及其他电子设备制造业	0.00	0.00	0.00	0.00
26	仪器仪表及文化办公用机械制造业	0.00	0.00	0.00	0.00
27	工艺品及其他制造业	9.52	578.64	0.00	112.72
28	废品废料	0.00	10.20	0.00	2.15
29	电力、热力的生产和供应业	2.21×10^3	1.10×10^3	0.00	40.76
30	燃气生产和供应业	1.71	8.74	0.00	1.36
31	水的生产和供应业	330.77	291.79	0.00	6.30
32	建筑业	47.00	1.49×10^4	0.00	3.19×10^3
33	交通运输、仓储和邮政业	9.53	2.77×10^3	0.00	607.97
34	信息传输、计算机服务和软件业	0.40	85.24	0.00	15.39
35	批发和零售业	5.95	1.32×10^3	0.00	279.35
36	住宿和餐饮业	41.68	645.23	0.00	135.48
37	金融业	2.30	69.21	0.00	13.43
38	房地产业	2.73	168.12	0.00	31.95
39	租赁和商务服务业	0.57	24.51	0.00	4.05
40	科学研究、技术服务和地质勘查业	10.36	31.34	0.00	4.65
41	水利、环境和公共设施管理业	1.52	1.08×10^3	0.00	239.04
42	居民服务和其他服务业	15.10	352.71	0.00	75.52
43	教育	86.24	141.35	0.00	13.78
44	卫生、社会保障和社会福利业	25.34	226.62	0.00	42.02
45	文化、体育和娱乐业	0.10	62.94	0.00	12.14
46	公共管理和社会组织机关事业单位	23.16	229.49	0.00	36.53

5.3.2 黑河流域上中下游流域间蓝绿水-虚拟水转化

表5-17显示的是黑河流域上游、中游和下游三个子流域间的实体水与虚拟水转移结果。从表5-17中可知，黑河流域实体蓝水耗水主要集中在中游地区，占流域总蓝水耗水的89.4%（15.81亿m^3）。而下游和上游地区消耗的蓝水资源较少，分别占流域总蓝水耗水的10.0%（1.76亿m^3）和0.6%（约0.11亿m^3）。绿水的结果与蓝水类似，中游是黑

河流域绿水资源消耗最大的地区，占流域总绿水耗水的 89.1%（3.30 亿 m^3）。下游和上游地区的绿水耗水分别占流域总绿水耗水的 10.3%（约 0.38 亿 m^3）和 0.6%（228.79 万 m^3）。

表 5-17　黑河流域上中下游流域间蓝绿水-虚拟水转移　（单位：万 m^3）

类型	子流域	内部消费			输出	合计
		上游	中游	下游	黑河外部区域	
蓝水	上游	257.88	1.77	0.86	785.81	1.05×10^3
	中游	2.46	3.68×10^4	25.91	12.13×10^4	15.81×10^4
	下游	1.61	34.59	2.74×10^3	1.48×10^4	1.76×10^4
	合计	261.96	3.68×10^4	2.76×10^3	13.69×10^4	17.67×10^4
绿水	上游	55.32	0.38	0.19	172.90	228.79
	中游	0.48	7.91×10^3	5.26	2.50×10^4	3.30×10^4
	下游	0.31	6.68	592.34	3.21×10^3	3.81×10^3
	合计	56.12	7.92×10^3	597.79	2.84×10^4	3.70×10^4

无论是蓝水还是绿水，从上中下游流域间的虚拟水转移结果来看，黑河流域三个子流域间的虚拟水流动较少。虚拟水主要是用于各自流域的内部消费以及输出到黑河流域以外的地区。黑河流域向外部区域输出的总虚拟蓝绿水量为 16.53 亿 m^3（输出的虚拟蓝水占 82.8%），占黑河流域总蓝绿水耗水的 77.4%。以蓝水为例，从表 5-17 中可知，上游蓝水耗水中，75.1%（785.81 万 m^3）的蓝水转化成虚拟水输出到黑河流域外部地区；24.6%（257.88 万 m^3）的蓝水用于生产满足上游区域内部消费的最终产品；仅有 0.3%（2.63 万 m^3）的蓝水转化成虚拟水从上游转移到中游和下游。中游蓝水耗水中，76.7%（12.13 亿 m^3）的蓝水输出到黑河流域外部地区，23.3%（3.68 亿 m^3）的蓝水用于生产满足中游区域内部消费的最终产品，与以上两项相比，蓝水用于中游生产中间产品提供给下游和上游的虚拟水几乎可以忽略。下游蓝水耗水中，84.2%（1.48 亿 m^3）的蓝水输出到黑河流域外部地区；15.6%（约 0.27 亿 m^3）的蓝水用于生产满足下游区域内部消费的最终产品；仅有 0.2%（36.20 万 m^3）的蓝水用于下游生产中间产品提供给上游和中游。黑河流域上中下游虚拟水贸易较少的原因是三个子流域的主导产业均是“农业”，上游、中游和下游生产的农产品除了用于满足各自流域内部消费外，更多的是输出到流域以外的地区。

基于以上分析可知，第一产业是黑河流域的主要耗水产业，占黑河流域总耗水的 95.4%。因此进一步分析第一产业在上中下游子流域间的蓝绿水-虚拟水转化规律（表 5-18）。从表 5-18 可知，无论是蓝水还是绿水，农产品在上游、中游和下游三个子流域间的虚拟水流动较少，均主要输出到黑河流域外部区域，此外一小部分用于各自流域的内部消费。黑河流域第一产业向外部区域输出的总虚拟蓝绿水量为 15.80 亿 m^3（输出的虚拟蓝水占 82.0%），占黑河流域第一产业总蓝绿水耗水的 76.9%。以蓝水为例，从表 5-18 中可知，上游第一产业蓝水耗水中，75.1%的蓝水转化成虚拟水隐含在农产品中输出到黑河流域外部地区；而24.6%用于生产满足上游区域内部消费的最终农产品；仅有0.3%转化成虚拟水从上游转移到中游和下游。中游第一产业蓝水耗水中，76.0%的蓝水输出到黑河流域外部地区，23.9%用于生产满足中游区域内部消费的最终农产品。下游第一产业蓝水耗水中，84.3%的蓝水输出到黑河流域外部地区；15.6%的蓝水用于生产满足中游区域内部消费的最终产品。

表5-18　黑河流域第一产业上中下游流域间蓝绿水-虚拟水转移（单位：万 m^3）

类型	子流域	内部消费			输出	合计
		上游	中游	下游	黑河外部区域	
蓝水	上游	256.13	1.73	0.85	779.45	1.04×10^3
	中游	2.20	3.59×10^4	23.85	11.42×10^4	15.01×10^4
	下游	1.44	30.34	2.70×10^3	1.46×10^4	1.73×10^4
	合计	259.77	3.60×10^4	2.72×10^3	12.96×10^4	16.85×10^4
绿水	上游	55.32	0.38	0.19	172.90	228.79
	中游	0.48	7.91×10^3	5.26	2.50×10^4	3.30×10^4
	下游	0.31	6.68	592.34	3.21×10^3	3.81×10^3
	合计	56.12	7.92×10^3	597.79	2.84×10^4	3.70×10^4

第6章　黑河流域节水型社会建设的节水效果评估

6.1　实施节水型社会政策的背景

中国的水资源短缺问题非常严重，尤其是在北部干旱和半干旱地区极其突出。考虑到水资源的重要性和当前面临的严重水短缺形势，我国政府制定实施了“节水型社会”政策。该政策最早出现在“十五”规划（2001～2005年）中，并于2002年纳入修订后的《中华人民共和国水法》。《中华人民共和国水法》第一章第八条明确规定：“国家厉行节约用水，大力推广节水措施，推广节水新技术、新工艺，发展节水型工业、农业和服务业，建设节水型社会”。这一条例极大地促进了农业、工业和服务业节水措施的实施。另外，由于农业部门用水量大，而灌溉用水效率又普遍较低，在“十五”期间，用于农业节水灌溉的总预算高达100亿美元。近年来，中国每年的节水投入都在持续增加。2011年中国政府更是发布了中央一号文件，在2010年的基础上，每年的节水投入都增加一个数量级，未来10年的专项预算总额为6188亿美元，而这些投资的首要任务是提高用水效率。

黑河流域是中国第二大内陆河流域。黑河干流源于祁连山，流域面积约24万km^2，年降水量少于150 mm，但年潜在蒸发量约为2000 mm。黑河上游山区地表径流（蓝水）是流域水资源的主要来源，中游地区耕地比例最大（95%），但也是人口最多的地区（占流域人口的92%）。中游地区的经济以农业为主，其灌溉农业使用了超过80%的可用淡水资源量。由于中游总需水量超过上游总水量的80%，下游水量偏少。在2000年，下游有30多条支流和末级湖泊干涸，导致了严重的土地荒漠化和生态退化。

面对日益严峻的缺水形势，黄河水利委员会黑河流域管理局于2000年成立，旨在解决中下游地区之间的水资源竞争问题。自2000年以来，中下游地区已实施了水资源再分配计划。分配给下游的水量由上游的水量决定。具体来说，在正常年份，莺落峡站（上游和中游的分界点）的径流量为1580×10^6 m^3/a，正义峡站（中游和下游的分界点）的径流量为950×10^6 m^3/a。这意味着中游的供水量将被限制在630×10^6 m^3/a左右。但由于中游地区的用水量没有被严格地控制，2000年的实际用水量达到1150×10^6 m^3。为遏制中游地区水资源的过度开发，黑河流域自2002年开始实施节水型社会。

作为中游地区建设节水型社会的一项重大举措，农业产业结构调整意义重大。蔬菜在黑河流域被大力推广，因为它不仅是黑河流域主要的经济作物，还具有较高的经济水分生产率，能产生更多的净利润。2004～2006年，蔬菜占黑河流域农业总产量的28%，这一比例高于其他任何一种作物（如小麦和玉米）。此外，灌溉系统得到升级，尤其是在安装了更多的滴灌和喷灌设施后，用水效率进一步提升。黑河流域节水社会试点项目的实施主要依靠国家财政转移支付。但迄今为止，整个流域尤其是中游的总用水量并没有得到严格的控制。

6.2　水资源政策对黑河流域水资源消耗影响

1997～2002年，农业、工业和服务业三个部门的耗水强度都有所增加，但2002年后有所下降（图6-1）。这一趋势体现了经济用水效率的提高，也是节水型社会的目标之一。例如，农业的耗水强度从2002年的2.3m^3/美元下降到2007年的1.5m^3/美元，下降了27%。工业和服务业的耗水强度分别下降36%和5%。

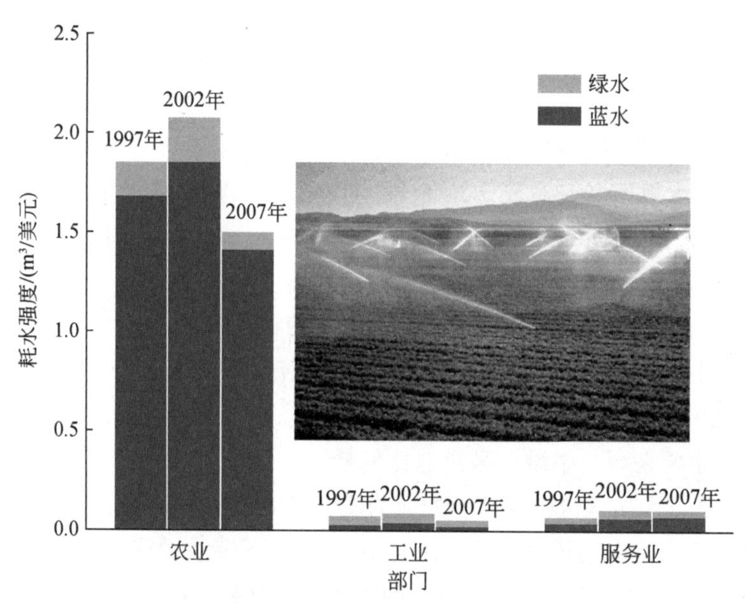

图6-1　黑河流域农业、工业和服务业各部门的耗水强度

水资源是被直接或间接地消耗的。这里的直接是指该部门自身的耗水量，间接是指该部门为其他部门提供材料或服务过程中的耗水量。因此，一个部门的最终需求所消耗的水等于其直接耗水和间接耗水的总和。对于农业的最终需求，90%～94%的水消耗是直接的（图6-1）。直接耗水占农业耗水总量的比例远高于工业部门（45%～53%）和服务部门（67%～78%）。这表明，与农业相比，工业和服务业用水更依赖其他部门。

本书仅讨论了在投入产出框架内的耗水强度变化指标，并假设在研究期间其他驱动力，如天气条件，对该指标有相同的影响。在投入产出框架中，单个部门是多个分部门的集合。例如，农业部门是玉米、小麦、棉花、大豆等多个分部门的集合。因此，本书农业耗水强度的下降可以归结为两个原因：一是各个分部门用水量总体呈下降趋势；二是提高耗水强度较低分部门的产量占比。例如，农民选择扩大需水量较低、利润较高的蔬菜等经济作物的种植面积。在这两种情况下，农民都将利用节约的水扩大该部门的生产。值得注意的是，种植经济作物的同时也增加了输出量。

2002 年以后，大量资金被投入到节水型社会的建设中，人们期望 WC_p 能大幅度下降。但是，由计算结果可知，WC_p 从 2002 年的 $740\times10^6m^3$ 下降到 2007 年的 $725\times10^6m^3$，仅下降了 2%（图 6-2）。这表明，节水型社会政策并没有显著减小当地水资源压力。此外，将 WC_p 分为内部耗水量和虚拟水输出量两部分后（表 6-1），发现农业、工业和服务业的内部耗水量 2002 ~2007 年都有所下降，而虚拟水输出量都有所增加。也就是说，虚拟水输出量的增加抵消了内部耗水量的减少以及总 WC_p 的减少。此外，农业部门 2002 年的内部耗水量占国内总耗水量的 80.7%，2007 年增加到 85.2%。同样，2002 年农业部门虚拟水输出量占虚拟水输出总量的 43.3%，2007 年这一比例增加到 60.0%。显然，农业耗水比例的增加，特别是虚拟水输出量的增加，在很大程度上减弱了节水政策的效果。

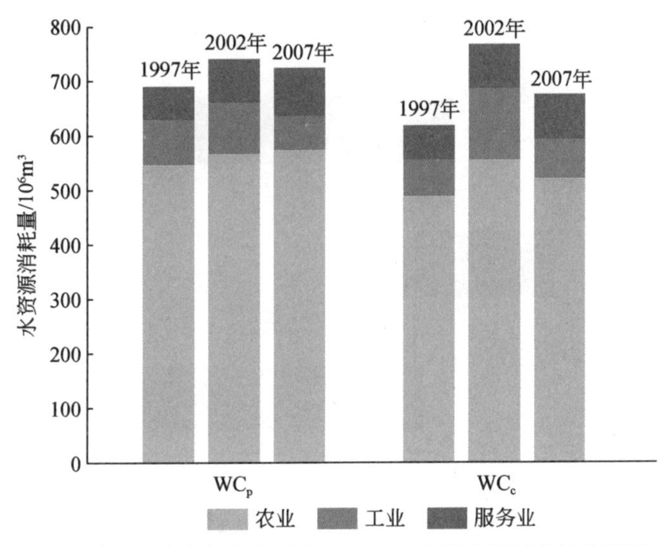

图 6-2　黑河流域的生产部门耗水强度（WC_p）和消费部门的耗水强度（WC_c）

表 6-1　部门用水量的统计分析　（单位：10^6 m^3）

指标	年份	农业	工业	服务业
虚拟水输出	1997	1.01	0.44	0.04
	2002	0.36	0.40	0.07
	2007	1.02	0.47	0.21

续表

指标	年份	农业	工业	服务业
虚拟水输入（外部耗水）	1997	0.43	0.28	0.07
	2002	0.26	0.75	0.08
	2007	0.49	0.57	0.14
内部耗水	1997	4.46	0.40	0.53
	2002	5.31	0.58	0.69
	2007	4.73	0.16	0.66

相反，消费部门的耗水量（WC_c）从 2002 年的 $765\times10^6m^3$ 下降到 2007 年的 $674\times10^6m^3$，下降了 12%（图 6-2）。其中，工业部门的内部耗水量和虚拟水输入量的 WC_c 减少约 45%。因此，工业部门是 WC_c 变化的主要原因。WC_c 反映了用于当地商品和服务消费的耗水情况。虚拟水输出量的增加导致 WC_c 的急剧下降，与 WC_p 的小幅度下降形成了鲜明的对比。黑河流域在 2002 年是一个净虚拟水输入区域，但在 2007 年却变为净虚拟水输出区域（图 6-3）。对 2002 年和 2007 年来说，农业都是净虚拟水输出部门。由于农产品输出增加，农业虚拟水输出量从 2002 年的 $36\times10^6m^3$ 增加到 2007 年的 $102\times10^6m^3$。

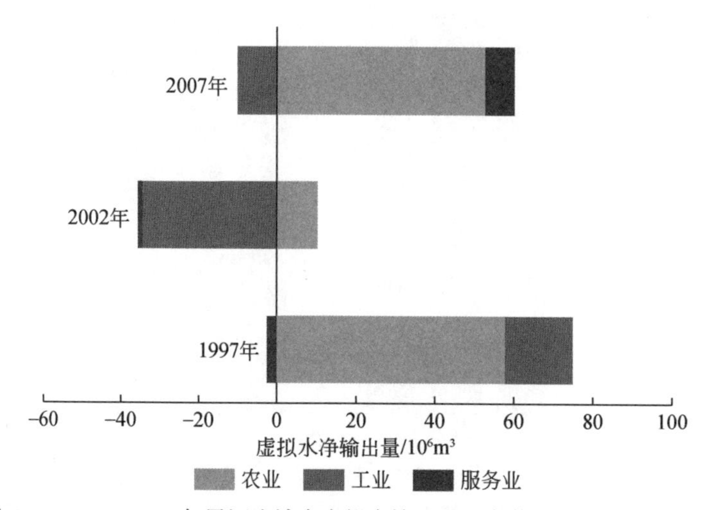

图 6-3　1997～2007 年黑河流域净虚拟水输入量（负值）和输出量（正值）

节水型社会政策的实施并没有让 WC_p 显著下降。为了了解出现这一结果的原因，本书将导致 WC_p 变化的驱动力分为四部分：技术进步、生产结构变化、本地最终需求（用于本地消费的本地生产）和输出。

分解分析表明，自节水型社会政策实施以来，技术进步极大地降低了黑河流域的 WC_p（图 6-4）。特别是对农业和工业而言，WC_p 的减少更为明显。自 2002 年以来，技术进步导致 WC_p 减少了近 $200\times10^6m^3$（其中超过 $150\times10^6m^3$ 来自于农业技术的进步）。如果其他因素均维持在 2002 年的水平，那么 2002 ~ 2007 年，技术进步将使总 WC_p减少 26%（192×10^6m^3）。由于大约一半的投资都用于促进农业节水，单是农业的技术进步，三个部门总的 WC_p就减少了 21%。经过多年的努力，黑河流域灌溉基础设施有了很大的改善。新安装的滴灌和喷灌系统占地 43 500hm^2，占流域耕地总面积的 12%。

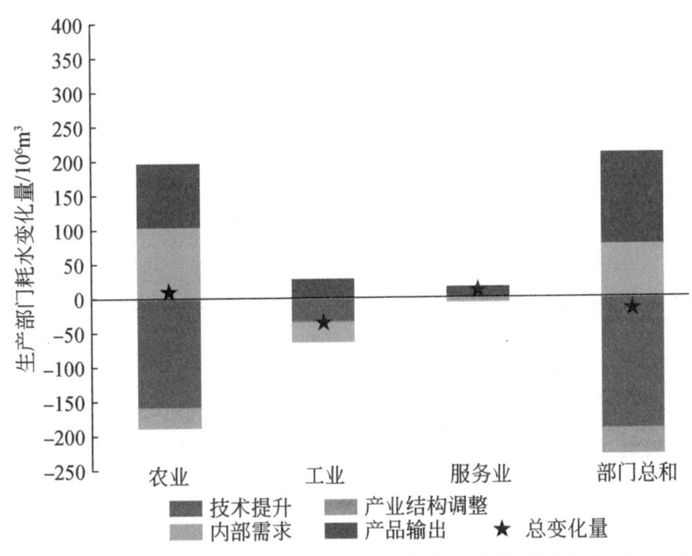

图 6-4　根据各驱动力因子分解黑河流域的生产部门耗水量（WC_p）

与技术进步相比，经济结构的变化也减少了 WC_p，但减少幅度较小。2002 ~ 2007 年，由于经济结构的变化，WC_p减少了约 35×10^6m^3。其中，农业部门受到的影响最大。如果其他因素保持不变，经济结构的变化将使总 WC_p减少 4.7%（其中 3.8% 来自农业）。

然而，技术进步和结构变化导致的 WC_p的减少，被最终需求的增加所抵消。如果所有其他因素保持在 2002 年的水平不变，由于输出额的增加，WC_p将增加 17.8%。作为干旱半干旱地区，黑河流域在 2007 年将 23% 的 WC_p以虚拟水（即蕴含在商品和服务中的水）的形式输出到其他地区，而在 2002 年，虚拟水输出仅占 WC_p的 11%。这一结果表明，如果不采取措施限制缺水地区的虚拟水输出，是不可能实现节水的。

6.3　水资源政策节水反弹效应

在缺水地区，控制用水量是节水的主要目标之一，而提高用水效率则是被广泛采取的节水方式。但实际上，由于存在反弹效应（或 Jevon's 悖论），提高用水效率也不一定能起到节水效果（Alcott，2005）。反弹效应表明，当商品或服务的价格下降时，需求通常会增加，这可能会减少提高效率所带来的资源节约量（Ward and Pulido-Velazquez，2008）。例如，Llop（2008）研究发现，用水效率提高降低了水价，进而导致西班牙生产系统的工业耗水量增加。大多数与反弹效应相关的研究表明，价格是消费部门使用资源的主要限制因素（Vivanco et al.，2016）。

但是，对于黑河流域来说，水价太低使其反弹效应并没有反映在价格上，而是反映在没有限制农户的用水量上。相反，极低的水价促使农民大量使用可用水资源。同时，节约下来的水资源也会被用于扩大生产。从这个角度看，可用水资源量才是引发黑河流域反弹效应的主要驱动力。当用水效率提高时，当前用水量减少，但节约下来的水却被农民用于扩大灌溉面积，这进一步增加了用水需求，导致提高用水效率无法真正达到节约水资源的目的。

在黑河流域可以找到支持上述反弹效应的证据。2002～2007年，黑河流域增加了有效灌溉面积。其中，张掖市拥有整个流域95%的耕地，其有效灌溉面积增长最为明显，由2002年的1531 km^2增加到2007年的2073 km^2，增幅达35%。但是，灌溉面积的扩大让节水措施的实施事倍功半。同时，输出需求增加本就是灌溉面积扩大的原因之一，而灌溉面积增加又会促进输出量的增加，这样一来，便形成了恶性循环。因此，单靠降低耗水强度是不足以在干旱流域建立节水型社会的，还必须规定用水量的上限。

第7章 水资源管理政策与建议

7.1 产业结构调整与流域水资源保护

7.1.1 农业种植结构调整

合理配置流域水资源，促进其节约利用是水资源保护的一项重要目标。干旱区的产业用水与生态用水存在激烈竞争。相应地，调整产业结构，提高生产部门水资源利用效率，是减少生产耗水，节约保护干旱区水资源的重要手段。黑河流域属于农业主导型经济，流域生产活动95.4%的实体蓝水消耗源自农业。通过实体水-虚拟水转化规律研究发现，农业虚拟水同样占据很大比例，流域约69.7%的虚拟水属于农业虚拟水，而其中99.9%由农业实体水自身转化而来。因此针对黑河流域水资源短缺问题，首先应将减少农业实体和虚拟水消耗作为黑河流域水资源保护工作的重要方向。对农业部门自身来说，除了采用各类灌溉节水措施，减少农作物的单产耗水量之外，还可以通过调整农业内部种植结构，提高农产品经济耗水效率来实现这一目标。

由于数据所限，基于我国国家及省市级投入产出表所做的虚拟水研究往往将农业统一为单一部门。本书所采用的黑河流域投入产出表对农业部门进行了细化，按照黑河流域主要农作物将农业部门分为七个分部门：小麦、玉米、油料、棉花、水果、蔬菜和其他部门。细化农业部门所得结果能够为黑河流域农业种植结构调整提供相应建议。对于细化的六种作物，可以通过蓝水消耗总量和蓝水耗水强度两个指标考察其生产对流域水资源的影响。以产业蓝水耗水占黑河流域总耗水89%的中游为例（表7-1）。首先，从农业蓝水消耗总量来看，黑河流域中游农业实体蓝水和虚拟蓝水消耗量从高到低的排序相同，均为玉米、小麦、蔬菜、水果、油料、棉花。玉米和小麦较高的耗水量与黑河流域玉米、小麦种植面积较大密切相关。其次，耗水强度代表了产品的经济耗水效率，耗水强度高表示单位水量消耗产生较少的经济价值。从耗水强度来看，作物耗水强度排序为玉米、小麦、水果、棉花、油料、蔬菜。最后，根据Zeng等（2012）对黑河流域单位产量耗水量，即主要农作物虚拟水含量的调查可以发现，棉花的虚拟水含量最大，水果、小麦和玉米的虚拟水含量较为接近，而油料和蔬菜的虚拟水含量较低。

表 7-1　农作物主要耗水指标

作物	中游实体蓝水耗水/亿 m^3	中游虚拟蓝水耗水/亿 m^3	中游蓝水直接耗水强度/(m^3/万元)	中游蓝水完全耗水强度/(m^3/万元)	单位产量耗水量(虚拟水含量)/(m^3/t)
小麦	2.36	1.80	1538.70	1626.05	826
玉米	4.42	2.74	1955.78	2028.35	763
油料	0.53	0.39	311.85	335.93	466
棉花	0.13	0.03	381.60	471.62	3384
水果	1.76	0.97	665.31	762.86	918
蔬菜	1.73	1.05	298.50	333.66	150

资料来源：Zeng 等（2012）。

综上所述，从减少总量消耗，提高农作物经济价值，减少农作物单产耗水量的角度来看，应适当减少玉米和小麦的产量，将节约的水资源用于生产油料和蔬菜等耗水强度较低且单产耗水量同样较低的农作物。这不但能够减少流域种植业总体耗水，还能够提升农作物经济价值，帮助改善农民生活水平。值得一提的是，农业种植结构的调整不是仅靠水资源保护这一项目标就可以决定的，同时还受到地方农业政策、社会经济发展规划、土地适宜程度、农业基础设施、农民生产意愿等多种因素的影响。本书仅从水资源保护角度为农业种植结构调整提供决策支持。

7.1.2　虚拟水流动与产业结构调整

干旱区的经济部门间存在激烈的用水竞争，尤其是高耗水的农业部门与其他经济部门。以合理配置水资源为目标，综合考虑黑河流域不同经济部门间的实体水耗水、虚拟水耗水及其转化关系，本书提出以下产业结构调整方案。

1. 大力发展服务业

黑河流域的第三产业无论是虚拟水还是实体水，所占比例在三个产业中都是最低的。例如，黑河流域实体蓝水第一产业占比例最高（95%），而第三产业实体蓝水几乎可以忽略不计。虚拟蓝水第一产业占比 66%，第二产业占比 29%，而第三产业仅占 5%。同时，第三产业的耗水强度与第一和第二产业相比却较低，这说明大力发展服务业能够同时降低流域实体水和虚拟水的消耗，从而帮助流域保护水资源。目前来看，黑河流域第三产业发展仍然有较大提升空间。以黑河流域城市化水平最高的甘临高地区为例，2006～2012 年，第三产业在甘临高所有产业中所占比例仅从 35% 上升到 37.7%。为此，建议采取相应措施在流域范围内大力发展服务业，提升服务业在三个产业中所占比例。

“一带一路”倡议给黑河流域的发展带来了前所未有的历史机遇。黑河流域地处河西走廊的中部，是古丝绸之路的必经之地，而张掖自古以来就是古丝绸之路上的要塞重镇，有“金张掖”的美誉。张掖目前发展定位之一是打造丝绸之路的重要交通枢纽和旅游集散地，这也给服务业的发展提供了巨大的契机。本书建议，在服务业发展过程中应注意减少服务业发展所带动的餐饮服务业产生的负面环境效应。目前张掖第三产业仍然是以餐饮服务业以及零售业为主。这就要求有关部门在规划发展服务业的同时，尤其是在发展旅游业的同时，注意餐饮服务业发展带来的负面水环境问题，如目前很多研究指出，农家乐的发展对环境造成的影响不可忽视。张掖市未来应大力发展现代物流枢纽、电子商务、金融服务、研发设计和人力资源服务等领域，因为这些领域直接实体水消耗较少，且其上游产业对水环境的负面影响相比于旅游餐饮业也很少，作为未来黑河流域服务业发展的主要方向同时也会帮助黑河流域进一步保护水环境以及节约水资源。

2. 发展农产品加工业

黑河流域尤其是下游地区，发展节水灌溉的一个主要矛盾是农户分散，农产品生产未形成规模，农民收入低，因此其投资节水灌溉措施的意愿也比较低。与农作物直接销售相比，加工之后的农作物可以获得更高的经济收益，即获得更高的经济用水效率。所以，农产品加工企业的发展将会带动农产品附加值的增加，提高农民收入，进而提高其节水积极性。建议在确保农作物耗水总量得以控制的前提下，应尽量提高农产品的经济用水效率，发展以农产品深加工为主的龙头企业，打造本地品牌，形成本地农产品生产—加工—销售一条龙的产业链。对于黑河流域的农产品加工业发展，许多专家和规划给出了相应的发展建议。例如，王浩等（2002）结合张掖农业发展形势，提出应重点发展草粉加工、啤酒花、真空冷冻食品、马铃薯淀粉等项目。周立华和杨国靖（2005）认为黑河下游额济纳旗种植紫花苜蓿等饲草作物具有灌溉需水量少，经济效益好等特点，因此建议将其纳入饲料加工、畜禽养殖的产业链中，从而产生更高的经济效益。

此外值得注意的是，农产品加工业与种植业应共同承担农业实体水消耗的责任，即遵循“延伸生产部门责任”的原则。“延伸生产部门责任”是指产品生产部门不但应对其产品流入下游供应链的处理和处置负责，也应合理选择上游供应链的原材料，避免在原材料生产过程中对环境造成影响。黑河流域无论是发展服务业还是农产品加工业都应遵循实体水-虚拟水转化规律，并以“延伸生产部门责任”原则为依据。应重点考察所发展的农产品加工业和服务业与本地农业在产业间的关联。在企业层面，对于本地发展和引入的企业，应对其上游供应链所消耗的本地农产品进行考察，并核算其实体水及虚拟水消耗。企业若将本地高耗水农产品作为原材料，应提出相应补偿策略。具体操作中，可以评价企业产品供应链上游农产品生产所消耗的虚拟水及其对产地水资源短缺造成的影响，根据影响程度令企业支付一定的水资源补偿费用，用于上游农产品投资节水灌溉技术。初期可以依托已有的企业参与环境保护实践平台，如世界自然基金会（World Wide Fund，WWF）在全球率先发起的“企业水管理先锋”（Water Stewardship）项目，对有意愿参与的企业在黑河流域范围内进行试点，并尝试进行推广。

3. 调整农业生产政策

越来越多的国家和政府对应该减少用水量以减轻水资源压力这一做法达成共识。对于缺水地区，减少虚拟水输出是保护当地水资源的一种方法，但重要的是需要判断选择以输出形式消耗当地有限的水资源是否是有效和可持续。黑河流域消耗了大量的当地水资源来支持农业生产。特别是黑河中游地区，其人均粮食产量为800kg/a，远高于我国人均粮食量的平均水平（400kg/a）（秦丽杰等，2012）。2002～2007年，农产品输出的增加是WC_p增长的主要驱动力。如果黑河流域不输出虚拟水，则每年可节水130 106m^3，该水量相当于《黑河流域近期治理规划》中提出的节水量的66%。受数据的限制，我们无法确定造成输出增加的具体农产品和地点。但根据上面提到的内容，黑河流域的集约灌溉农业主要在张掖市，因此农业生产和输出的增长可能集中在该市。张掖市位于黑河中游地区，总面积为10 700 km^2，由甘州区、临泽县和高台县组成。由于张掖市多用产量高但耗水量大的传统种植方式，春小麦和夏玉米可能是输出增加的原因。尽管黑河流域人均粮食产量远高于全国平均水平，但对国家粮食安全的贡献不大。研究区粮食年产量仅占全国总产量的1%，然而这些输出产品中所含的水对于黑河下游的河流生态系统却是至关重要的。根据《黑河流域近期治理规划》，黑河流域下游生态系统恢复和地下水回灌的年需水量约为$1\times10^9 m^3$。可以根据上述下游河段的用水需求来分配中游河段的用水量上限。

针对黑河下游地区水资源短缺和生态系统退化的现状，建议减少黑河流域的农业生产和输出。这个建议听起来很难实现，因为这意味着需要将一些劳动力从农业生产活动中转移到其他工作上，但这对于正在经历快速城市化进程的中国而言，却是可行的。据报道，1978～2012年，全国城市人口居住率从18%增至53%。中国城市化的经验表明，城市化可以使农民通过从事城市的工业和服务业，自愿离开农村放弃农业以追求高收入。此外，地方政府官员因将农村人口引入城市体系而获得财政奖励。因此，从我国的实际情况来看，减少农业生产和输出的建议是切实可行的，且可以通过加快黑河流域的城市化进程来实现。

7.2 虚拟水战略与水资源管理

解决水资源短缺问题是流域水资源保护面临的较大挑战之一。本书指出了虚拟水消耗对流域水资源的重要影响作用，但目前很少有研究以保护流域水资源为目标对流域内部虚拟水进行调控。虚拟水战略是指缺水地区输入高耗水、低附加值产品，同时输出低耗水、高附加值产品，从而帮助缺水地区保护水资源、缓解地区水资源压力的一种理念。通过虚拟水战略，许多缺水地区通过输入高耗水产品节约了本地水资源，如中东地区每年靠粮食补贴购买的虚拟水数量相当于尼罗河每年流入埃及的水量，而以色列和约旦减少甚至放弃了生产和输出高耗水的作物，从而节约了紧缺的水资源。虚拟水战略发挥的往往是一种“默默的作用”（silent role），即在没有相关政策的支持下，区域产业结构自发的调整为一种节水模式。例如，Zhao 等（2010）对海河流域虚拟水进行了核算，发现 1997 年、2000 年及 2002 年海河流域对所有高耗水行业的产品都是净输入，即海河流域与外部区域的虚拟水贸易符合虚拟水战略的理念。Yang 等（2003）的研究表明，大部分研究区在水资源达到一定阈值之后均表现出对农产品的净输入。同时输入高耗水产品也与经济条件有一定的关联，较发达的地区更倾向于输入高耗水产品（Zhao et al.，2015）。但从黑河流域的结果可以看出，黑河流域农产品属于虚拟水净输出。这显然增加了黑河流域水资源的损失。为此，黑河流域水资源保护为目标，基于虚拟水战略的理念，从以下方面提出相关建议。

7.2.1 流域虚拟水输入输出调整

1. 减少流域农产品虚拟蓝水输出的必要性

已有研究表明，虚拟水贸易与地区水资源禀赋并无直接关联。许多水资源紧缺地区是虚拟水输出方。例如，Hoekstra 和 Mekonnen（2012）发现美国、巴基斯坦、印度、澳大利亚、乌兹别克斯坦、中国以及土耳其等国家虚拟蓝水输出占全球总量近一半，但以上这些国家均存在不同程度的水资源压力。因此选择消耗国内有限的蓝水资源用于输出产品是否是有效率或者是可持续的，这是一个值得思考的问题。为此很多研究建议减少缺水地区的虚拟水输出（Zhao et al.，2015）。本书从以下方面支持这一建议。

首先，黑河向外部输出了较大比例的虚拟水。2012 年，黑河流域虚拟蓝水输出量为 13.69 亿 m^3，占流域生产蓝水消耗的 77%，中游虚拟蓝水输出量达到 12.13 亿 m^3。而根据《2012—2013 年度黑河干流水量调度情况公告》，已知黑河流域 2012 年中游向下游下泄 11.91 亿 m^3 的水量。也就是说，中游虚拟蓝水输出量甚至超过其向下游下泄的水量。

其次，黑河流域输出的粮食产品对全国整体粮食安全贡献并不大，2012 年，黑河流域的小麦、玉米、棉花、油料和蔬菜等主要农产品产量占全国的比例仅为 0.12%～0.38%，但生产农产品所需要的蓝水资源却达到 16.85 亿 m^3，占流域生产蓝水消耗量的 95%，而 81% 的农产品蓝水消耗转化为虚拟蓝水输出到流域外部。因此，无论是减少流域农产品蓝水消耗还是农产品虚拟蓝水输出，都对维持黑河流域生态安全至关重要。

最后，从水资源节约的角度考虑，黑河流域甘临高地区与外部区域的虚拟水贸易从全国视角看并未引起蓝水资源的节约，反而引起约0.15亿m^3蓝水资源的损失。这主要是因为甘临高地区农产品生产的用水效率相对较低。在这一情况下，输出虚拟水对甘临高地区及全国蓝水资源来说是一种损失。

2. 减少流域农产品虚拟蓝水输出的可行性

减少农产品虚拟蓝水的输出可以通过减少农产品生产中所消耗的实体蓝水来实现。Zhao等（2017）考察了单产耗水量、单位面积产量、种植结构、作物面积等产品实体蓝水变化的驱动因子，发现作物面积减少是引起实体蓝水减少的主要驱动因素。其研究也指出，作物面积减少与研究区城市化发展有很大关系。因此未来甘临高及黑河流域城市化进程的加快，可能会间接帮助甘临高及黑河流域减少农产品虚拟水蓝水输出。中国目前的城市化进程是史无前例的，1978～2012年，城市居民比例从18%增加到53%。已有经验表明，中国的城市化发展使得农村劳动力自愿向城市中的第二和第三产业转移，以追求更高的收入和生活水平。根据《张掖市“十三五”新型城镇化规划》（简称《城镇化规划》），2010～2015年，张掖市城镇化水平快速提高，2010年张掖城镇化率为36%，2015年达到42%，城镇空间格局基本形成。但《城镇化规划》也强调目前存在大量农业转移人口难以融入城市、市民化进程滞后等问题。为此提出一系列措施保证到2020年实现近15万农业转移人口市民化的目标。随着城市化进程的加快，流域农业用地和农产品可能会进一步缩减，并且伴随着城市服务业进一步加强，城市将能够吸纳更多农村劳动力向城市转移。以上这些进程将可能间接帮助流域减少农产品产量，从而减少农产品虚拟水的输出。但必须看到，减少虚拟水输出或虚拟水战略的实施，并不是仅从水资源或城市化角度即可决定的，同时还需综合考虑本地经济发展状况、农村发展战略、外地移民、粮食政策、土地利用、经济结构等多方面因素。本书的目的是从水资源保护的视角为管理者在决策中提供一定的基本信息，但在具体决策中还需考虑以上各项因子进行综合决断。

3. 增加流域农产品虚拟绿水输入

以往应用投入产出分析进行的虚拟水研究一般仅考虑虚拟蓝水，但对虚拟绿水研究较少。本书考虑实体绿水-虚拟绿水在产业和区域间的转化过程。研究发现，虽然实体绿水仅在农业部门得以使用，但虚拟绿水却通过虚拟水转移作用在产业和区域间得以重新分配。这说明绿水资源同样也是其他部门生产必不可少的间接资源。传统的水资源管理属于蓝水资源的管理，在面对水资源短缺问题时，可以采用两种方式弥补水资源的不足，其一是通过调水工程，其二是通过虚拟水贸易。Zhao等（2015）考虑了中国省际实体蓝水调度和虚拟水贸易，发现实体水调度只占中国水资源供水量的不到5%。虚拟水贸易相当于中国水资源供水量的35%。但绿水资源是一种受到地域限制的水资源。根据绿水的定义，绿水是一种储存在非饱和土壤中供植被吸收利用的水资源，即土壤水。因此绿水资源不能像蓝水资源一样可以通过调水工程等措施来实现实体绿水的跨区域调度。绿水资源的跨区域重新分配和管理只有虚拟水贸易这一种途径。

本书结果表明，黑河流域农业生产消耗实体绿水约占实体蓝绿水消耗总量17%，说明黑河流域对绿水资源的使用较为有限。对甘临高地区虚拟绿水贸易的研究可知，甘临高地区2007年虚拟绿水输入和输出量基本相当，绿水输入量约为0.34亿m^3，输出量约为0.33亿m^3，表明甘临高地区对外部虚拟绿水资源的利用也较为有限。为此，本书建议在发展流域内部农产品加工业时，可以通过输入农产品增加虚拟绿水的输入量。

7.2.2 虚拟水贸易与生态环境建设

黑河流域下游曾是举世闻名的额济纳绿洲，但自中华人民共和国成立以来，中游社会经济发展长期过量占用下游水资源，导致下游居延海干涸以及河岸胡杨林生态退化，进而造成一系列生态环境问题，如沙尘暴肆虐。为保护下游绿洲水资源，提供基本的环境流，在21世纪初实施了黑河上中下游水资源统一调度。调水方案实施后，中游每年向下游下泄一定量的实体水，使得居延海水量在近十年来得以逐步恢复。虽然黑河流域通过这种实体水调控管理取得了一定的生态效益，但其可持续性受到诸多社会经济因素的限制。中游向下游实施生态输水后，不可避免的影响到中游农业的发展。然而这种矛盾已无法用单一的实体水管理来解决。

区域间既存在实体水输送，又存在虚拟水调度。当中游地区占用下游地区实体水时，可以通过虚拟水贸易的方式对下游水资源进行某种程度的补偿。黑河流域长久以来存在中游地区社会经济发展占用下游水资源的问题。本书结果表明，黑河上中下游流域间的虚拟水贸易量相对较少，大部分虚拟水在中游和下游通过产品贸易向流域外部输出。黑河流域间最大的虚拟水贸易来自下游输出给中游34.59万m^3的虚拟蓝水，占下游总虚拟水输出的2.3%，其中包含30.34万m^3的第一产业虚拟水；而中游输出给下游的虚拟水仅有约29.91万m^3，与其总虚拟水输出相比几乎可以忽略不计。可见中游在占用下游的实体水资源的同时，仅通过实体水调度的方式对下游蓝水资源进行补偿，并没有通过虚拟水贸易的方式对下游进行补偿，反而从下游获得了一定量的虚拟水资源。

中游和下游间虚拟水贸易较少的原因主要在于中游和下游缺乏产业关联，且中游和下游的主导产业都是第一产业，无论是中游还是下游，都缺乏农产品加工业以有效吸收中下游生产的农业初级产品。与下游相比，中游依托张掖市物流枢纽和农产品加工平台的建设，在未来更有可能吸收下游生产的农产品，则下游农产品生产消耗的实体水将会以虚拟水的形式流入中游农产品加工业，从而提高下游向中游输出虚拟水的可能性。因此，需避免中游农产品加工业及物流运输平台发展之后刺激下游农产品的过度生产，如下游特色瓜果和棉花都是高耗水的农作物，从而加剧下游实体水耗水，占用河流机沿岸胡杨林的生态用水。与此同时也要确保中游张掖黑河湿地国家级自然保护区必要的生态需水。因此建议在本书基础上设定未来上中下游产业发展情景，将虚拟水贸易情景纳入上中下游调水方案，结合中游张掖黑河湿地国家级自然保护区，下游居延海和胡杨林的生态需水核算，在产业发展和虚拟水战略中，保证中游和下游充足的环境流，并确保中游发展农产品加工业节约出的实体水高于下游对中游虚拟水输出的增量。

参 考 文 献

程国栋，赵文智．2006．绿水及其研究进展．地球科学进展，21（3）：221-227.

黄晓荣，裴源生，梁川．2005．宁夏虚拟水贸易计算的投入产出方法．水科学进展，（4）：564-568.

龙爱华，徐中民，张志强．2004．虚拟水理论方法与西北4省（区）虚拟水实证研究．地球科学进展，4：577-584.

秦丽杰，靳英华，段佩利．2012．不同播种时间对吉林省西部玉米绿水足迹的影响．生态学报，32（23）：7375-7382.

王浩，王建华，陈明．2002．我国北方干旱地区节水型社会建设的实践探索——以我国第一个节水型社会建设试点张掖地区为例．中国水利，（10）：140-144.

吴普特，赵西宁，操信春，等．2010．中国“农业北水南调虚拟工程”现状及思考．农业工程学报，26（06）：1-6.

吴普特，高学睿，赵西宁，等．2016．实体水-虚拟水“二维三元”耦合流动理论基本框架．农业工程学报，32（12）：1-10.

周立华，杨国靖．2005．黑河下游额济纳旗农业特色产业的选择与评价．干旱地区农业研究，23（1）：192-196.

Ahams I C, Paterson W, Garcia S, et al. 2017. Water Footprint of 65 Mid-to Large-Sized US Cities and Their Metropolitan Areas. Journal of the American Water Resources Association, 53 (5): 1147-1163.

Alcott B. 2005. Jevons' paradox. Ecological economics, 54 (1): 9-21.

Allan J A. 1993. Fortunately there are substitutes for water otherwise our hydro-political futures would be impossible. Priorities for water resources allocation and management, 13 (4): 26.

Berrittella M, Hoekstra A Y, Rehdanz K, et al. 2007. The economic impact of restricted water supply: A computable general equilibrium analysis. Water Research, 41 (8): 1799-1813.

Biewald A, Rolinski S, Lotze-Campen H, et al. 2014. Valuing the impact of trade on local blue water. Ecological Economics, 101: 43-53.

Bonfiglio A. 2005. A Sensitivity Analysis of the Impact of CAP Reform. Alternative Methods of Constructing Regional Input-Output Tables. Ancona: Polytechnic University of Marche.

Chapagain A K, Hoekstra A Y. 2008. The global component of freshwater demand and supply: an assessment of virtual water flows between nations as a result of trade in agricultural and industrial products. Water international, 33 (1): 19-32.

Chapagain A K, Hoekstra A Y. 2011. The blue, green and grey water footprint of rice from production and consumption perspectives. Ecological Economics, 70 (4): 749-758.

Chapagain A K, Hoekstra A Y, Savenije H H G. 2006. Water saving through international trade of agricultural products. Hydrology and Earth System Sciences, 10 (3): 455-468.

Chen C, Hagemann S, Liu J. 2014. Assessment of impact of climate change on the blue and green water resources in large river basins in China. Environmental Earth Sciences, 74 (8): 6381-6394.

Chouchane H, Krol M S, Hoekstra A Y. 2018. Virtual water trade patterns in relation to environmental and socioeconomic factors: A case study for Tunisia. Science of the total environment, 613: 287-297.

Döll P, Siebert S. 2002. Global modeling of irrigation water requirements. Water Resources Research, 38 (4): 8-10.

Döll P, Kaspar F, Alcamo J. 1999. Computation of global water availability and water use at the scale of large drainage basins. Mathematische Geologie, 4 (1): 111-118.

Dalin C, Konar M, Hanasaki N, et al. 2012. Evolution of the global virtual water trade network. Proceedings of the National Academy of Sciences of the United States of America, 109 (16): 5989-5994.

Dalin C, Hanasaki N, Qiu H, et al. 2014. Water resources transfers through Chinese interprovincial and foreign food trade. Proceedings of the National Academy of Sciences of the United States of America, 111 (27): 9774-9779.

Dalin C, Wada Y, Kastner T, et al. 2017. Groundwater depletion embedded in international food trade. Nature, 543 (7647): 700-704.

Davis J R, Koop K. 2006. Eutrophication in Australian rivers, reservoirs and estuaries - A southern hemisphere perspective on the science and its implications. Hydrobiologia, 559 (1): 23-76.

Dermody B J, Van Beek R P H, Meeks E, et al. 2014. A virtual water network of the Roman world. Hydrology and Earth System Sciences, 18 (12): 5025-5040.

Dietzenbacher E, Los B. 1998. Structural decomposition techniques: sense and sensitivity. Economic Systems Research, 10 (4): 307-324.

Dietzenbacher E, Velázquez E. 2007. Analysing Andalusian virtual water trade in an input- output framework. Regional Studies, 41 (2): 185-196.

Falkenmark M. 1995. Coping with Water Scarcity under Rapid Population Growth. Pretoria: Conference of SADC Ministers.

Falkenmark M, Rockström J. 2006. The New Blue and Green Water Paradigm: Breaking New Ground for Water Resources Planning and Management. Journal of Water Resources Planning and Management, 132 (3): 129-132.

Falkenmark M, Rockström J. 2013. Balancing water for humans and nature: The new approach in ecohydrology. Page Taylor and Francis.

Fath B D, Patten B C. 1999. Review of the foundations of network environ analysis. Ecosystems, 2 (2): 167-179.

Feng K, Siu Y L, Guan D, et al. 2012. Assessing regional virtual water flows and water footprints in the Yellow River Basin, China: A consumption based approach. Applied Geography, 32 (2): 691-701.

Feng K, Hubacek K, Pfister S, et al. 2014. Virtual scarce water in China. Environmental Science and Technology, 48 (14): 7704-7713.

Flegg A T, Webber C D. 1997. On the appropriate use of location quotients in generating regional input- output tables: reply. Regional studies, 31 (8): 795-805.

Guan D, Hubacek K. 2007. Assessment of regional trade and virtual water flows in China. Ecological Economics, 61 (1): 159-170.

Guan D, Hubacek K, Weber C L, et al. 2008. The drivers of Chinese CO2 emissions from 1980 to 2030. Global Environmental Change, 18 (4): 626-634.

Hanasaki N, Inuzuka T, Kanae S, et al. 2010. An estimation of global virtual water flow and sources of water withdrawal for major crops and livestock products using a global hydrological model. Journal of Hydrology, 384 (3-4): 232-244.

Hargreaves G H, Samani Z A. 1985. Reference Crop Evapotranspiration From Ambient Air Temperature. American Society of Agricultural Engineers, 4: 96-99.

Hoekstra A Y. 2003. Virtual water trade: proceedings of the international expert meeting on virtual water trade, Delft, The Netherlands, 12-13 December 2002, Value of Water Research Report Series No. 12. UNESCO-IHE, Delft, The Netherlands.

Hoekstra A Y. 1998. Perspectives on water: an integrated model-based exploration of the future. Jan van Arkel (International Books).

Hoekstra A Y, Hung P Q. 2002. Virtual water trade. A quantification of virtual water flows between nations in relation to international crop trade. Value of water research report series, 11: 166.

Hoekstra R, den Bergh J C J M. 2003. Comparing structural decomposition analysis and index. Energy economics, 25 (1): 39-64.

Hoekstra A Y, Hung P Q. 2005. Globalisation of water resources: International virtual water flows in relation to crop trade. Global Environmental Change, 15 (1): 45-56.

Hoekstra A Y, Mekonnen M M. 2012. The water footprint of humanity. Proceedings of the National Academy of Sciences of the United States of America, 109 (9): 3232-3237.

Hoekstra A Y, Chapagain A K, Mekonnen M M, et al. 2011. The water footprint assessment manual: Setting the global standard. Routledge.

Hoekstra A Y, Mekonnen M M, Chapagain A K, et al. 2012. Global Monthly Water Scarcity: Blue Water Footprints versus Blue Water Availability. Plos One, 7 (2): e32688.

Jensen R C, Mandeville T D, Karunaratne N D. 2017. Regional economic planning: Generation of regional input-output analysis. Routledge.

Konar M, Hussein Z, Hanasaki N, et al. 2013. Virtual water trade flows and savings under climate change. Hydrology and Earth System Sciences, 17 (8): 3219-3234.

Kummu M, Gerten D, Heinke J, et al. 2014. Climate-driven interannual variability of water scarcity in food production potential: A global analysis. Hydrology and Earth System Sciences, 18 (2): 447-461.

Lenzen M. 2009. Understanding virtual water flows: A multiregion input-output case study of Victoria. Water Resources Research, 45 (9): 1-11.

Lenzen M, Kanemoto K, Moran D, et al. 2012. Mapping the structure of the world economy. Environmental Science and Technology, 46 (15): 8374-8381.

Leontief W W. 1936. Quantitative input and output relations in the economic systems of the United States. The review of economic statistics, 18 (3): 105-125.

Liu J, Savenije H H G. 2008. Food consumption patterns and their effect on water requirement in China.

Hydrology and Earth System Sciences, 12 (3): 887-898.

Liu J. 2018. Assessing China's "developing a water-saving society" policy at a river basin level: A structural decomposition analysis approach. Journal of Cleaner Production 190: 799-808.

Liu J, Yang H. 2010. Spatially explicit assessment of global consumptive water uses in cropland: Green and blue water. Journal of Hydrology, 384 (3-4): 187-197.

Liu J, Williams J R, Zehnder A J B, et al. 2007a. GEPIC - modelling wheat yield and crop water productivity with high resolution on a global scale. Agricultural Systems, 94 (2): 478-493.

Liu J, Zehnder A J B, Yang H. 2007b. Historical trends in China's virtual water trade. Water International, 32 (1): 78-90.

Liu J, Zehnder A J B, Yang H. 2009. Global consumptive water use for crop production: The importance of green water and virtual water. Water Resources Research, 45 (5): W05428.

Llop M. 2008. Economic impact of alternative water policy scenarios in the Spanish production system: An input--output analysis. Ecological Economics, 68 (1-2): 288-294.

Ma J, Hoekstra A Y, Wang H, et al. 2006. Virtual versus real water transfers within China. Philosophical Transactions of the Royal Society B: Biological Sciences, 361 (1469): 835-842.

Mao G, Liu J. 2019. WAYS v1: a hydrological model for root zone water storage simulation on a global scale. Geoscientific Model Development, 12 (12): 5267-5289.

Mao G, Liu J, Han F, et al. 2019. Assessing the interlinkage of green and blue water in an arid catchment in Northwest China. https://link.springer.com/article/10.1007/s10653-019-00406-3 [2020-3-30].

Mekonnen M M, Hoekstra A Y. 2010. A global and high-resolution assessment of the green, blue and grey water footprint of wheat. Hydrology and Earth System Sciences, 14 (7): 1259-1276.

Mekonnen M M, Hoekstra A Y. 2012. A Global Assessment of the Water Footprint of Farm Animal Products. Ecosystems, 15 (3): 401-415.

Miller R E, Blair P D. 2009. Input- output analysis: foundations and extensions. Cambridge: Cambridge University Press.

Neitsch S L, Arnold J G, Kiniry J R et al. 2011. Soil and Water Assessment Tool Theoretical Documentation Version 2009. Grassland, Soil and Research Service, Temple.

Oki T, Kanae S. 2004. Virtual water trade and world water resources. Water Science and Technology, 49 (7): 203-209.

Oki T, Kanae S. 2006. Global Hydrological Cycles and World Water Resources. Science, 313 (5790): 1068-1072.

Peters G P. 2008. From production- based to consumption- based national emission inventories. Ecological economics, 65 (1): 13-23.

Postel S L, Daily G C, Ehrlich P R. 1996. Human appropriation of renewable fresh water. Science, 271 (5250): 785-788.

Ramirez-Vallejo J, Rogers P. 2004. Virtual water flows and trade liberalization. Water Science and Technology, 49 (7): 25-32.

Renault D, Hoekstra A Y. 2003. Value of virtual water in food: Principles and virtues. The Netherlands: IHE Delft.

Rockström J, Gordon L. 2001. Assessment of green water flows to sustain major biomes of the world: Implications for future ecohydrological landscape management. Physics and Chemistry of the Earth, Part B: Hydrology, Oceans and Atmosphere, 26 (11-12): 843-851.

Rockström J, Gordon L, Folke C, et al. 1999. Linkages Among Water Vapor Flows, Food Production, and Terrestrial Ecosystem Services. Conservation Ecology 3 (2): 5.

Rockström J, Falkenmark M, Karlberg L, et al. 2009a. Future water availability for global food production: The potential of green water for increasing resilience to global change. Water Resources Research, 45 (7): 1-16.

Rockström J, Falkenmark M, Karlberg L, et al. 2009b. Future water availability for global food production: The potential of green water for increasing resilience to global change. Water Resources Research, 45 (7): 23.

Romaguera M, Hoekstra A Y, Su Z, et al. 2010. Potential of using remote sensing techniques for global assessment of water footprint of crops. Remote Sensing, 2 (4): 1177-1196.

Rosegrant M W, Msangi S, Ringler C, et al. 2008. International model for policy analysis of agricultural commodities and trade (IMPACT): Model Description for Version 3. https://www.researchgate.net/publication/285446531_The_International_Model_for_Policy_Analysis_of_Agricultural_Commodities_and_Trade_IMPACT_Model_description_for_version_3 [2020-3-30].

Rost S, Gerten D, Bondeau A, et al. 2008a. Agricultural green and blue water consumption and its influence on the global water system. Water Resources Research, 44 (9): 1-17.

Rost S, Gerten D, Bondeau A, et al. 2008b. Agricultural green and blue water consumption and its influence on the global water system. Water Resources Research, 44 (9): W09405.

Rulli M C, Saviori A, D'Odorico P. 2013. Global land and water grabbing. Proceedings of the National Academy of Sciences of the United States of America, 110 (3): 892-897.

Savenije H H G, Hrachowitz M. 2017. HESS Opinions "Catchments as meta-organisms - a new blueprint for hydrological modelling." Hydrology and Earth System Sciences, 21 (2): 1107-1116.

Schuol J, Abbaspour K C, Yang H, et al. 2008. Modeling blue and green water availability in Africa. Water Resources Research, 44 (7): W07406.

Seckler D W. 1998. World water demand and supply, 1990 to 2025: Scenarios and issues. IWMI.

Seekell D A, D'Odorico P, Pace M L. 2011. Virtual water transfers unlikely to redress inequality in global water use. Environmental Research Letters, 6 (2): 024017.

Shiklomanov I A. 1991. The world's water resources// International Symposium to Commemorate the 25 Years of IHD/IHP. UNESCO.

Suweis S, Rinaldo A, Maritan A, et al. 2013. Water-controlled wealth of nations. Proceedings of the National Academy of Sciences of the United States of America, 110 (11): 4230-4233.

Tamea S, Carr J A, Laio F, et al. 2014. Drivers of the virtual water trade. Water Resources Research, 50 (1): 17-28.

Tello E, Ostos J R. 2012. Water consumption in Barcelona and its regional environmental imprint: a long-term history (1717--2008) . Regional Environmental Change, 12 (2): 347-361.

Temurshoev U, Miller R E, Bouwmeester M C. 2013. A note on the GRAS method. Economic Systems Research, 25 (3): 361-367.

Tian Y, Zheng Y, Zheng C, et al. 2015. Exploring scale-dependent ecohydrological responses in a large endorheic river basin through integrated surface water- groundwater modeling. Water Resources Research, 51 (6): 4065-4085.

Vörösmarty C J, Hoekstra A Y, Bunn S E, et al. 2015. Fresh water goes global. Science, 349 (6247): 478-479.

Verma S, Kampman D A, van der Zaag P, et al. 2009. Going against the flow: A critical analysis of inter-state virtual water trade in the context of India's National River Linking Program. Physics and Chemistry of the Earth, Parts A/B/C, 34 (4-5): 261-269.

Vivanco D F, Kemp R, van der Voet E. 2016. How to deal with the rebound effect? A policy-oriented approach. Energy Policy, 94: 114-125.

Wackernagel M, Onisto L, Bello P, et al. 1997. Ecological footprints of nations//Commissioned by the earth council for the rioforum. International Council for Local Environmental Initiatives, Toronto.

Wang X, He X, Williams J R, et al. 2005. Sensitivity and uncertainty analyses of crop yields and soil organic carbon simulated with EPIC. Transactions-american society of agricultural engineers, 48 (3): 1041.

Ward F A, Pulido-Velazquez M. 2008. Water conservation in irrigation can increase water use. Proceedings of the National Academy of Sciences, 105 (47): 18215-18220.

Willaarts B A, Volk M, Aguilera P A. 2012. Assessing the ecosystem services supplied by freshwater flows in Mediterranean agroecosystems. Agricultural Water Management, 105: 21-31.

Yang H, Zehnder A J B. 2007. "Virtual water": An unfolding concept in integrated water resources management. Water Resources Research, 43 (12): 1-10.

Yang H, Reichert P, Abbaspour K C, et al. 2003. A water resources threshold and its implications for food security. Environmental Science and Technology, 37 (14): 3048-3054.

Yang H, Wang L, Abbaspour K C, et al. 2006. Virtual water trade: An assessment of water use efficiency in the international food trade. Hydrology and Earth System Sciences, 10 (3): 443-454.

Yang Z, Mao X, Zhao X, et al. 2012. Ecological network analysis on global virtual water trade. Environmental Science and Technology, 46 (3): 1796-1803.

Zang C, Liu J. 2013. Trend analysis for the flows of green and blue water in the Heihe River basin, northwestern China. Journal of Hydrology, 502: 27-36.

Zang C, Liu J, Van Der Velde M, et al. 2012. Assessment of spatial and temporal patterns of green and blue water flows under natural conditions in inland river basins in Northwest China. Hydrology and Earth System Sciences, 16 (8): 2859-2870.

Zeng Z, Liu J, Koeneman P H, et al. 2012. Assessing water footprint at river basin level: A case study for the Heihe River Basin in northwest China. Hydrology and Earth System Sciences, 16 (8): 2771-2781.

Zhang Z, Yang H, Shi M. 2011. Analyses of water footprint of Beijing in an interregional input-output framework.

Ecological Economics, 70 (12): 2494-2502.

Zhang Z, Shi M, Yang H. 2012. Understanding Beijing's water challenge: A decomposition analysis of changes in Beijing's water footprint between 1997 and 2007. Environmental science and technology, 46 (22): 12373-12380.

Zhao D, Hubacek K, Feng K, et al. 2019. Explaining virtual water trade: A spatial-temporal analysis of the comparative advantage of land, labor and water in China. Water research, 153: 304-314.

Zhao X, Chen B, Yang Z F F. 2009. National water footprint in an input-output framework-A case study of China 2002. Ecological Modelling, 220 (2): 245-253.

Zhao X, Yang H, Yang Z, et al. 2010. Applying the input-output method to account for water footprint and virtual water trade in the Haihe River basin in China. Environmental Science and Technology, 44 (23): 9150-9156.

Zhao X, Liu J, Liu Q, et al. 2015. Physical and virtual water transfers for regional water stress alleviation in China. Proceedings of the National Academy of Sciences of the United States of America, 112 (4): 1031-1035.

Zhao X, Tillotson M R, Yang Z, et al. 2016. Reduction and reallocation of water use of products in Beijing. Ecological Indicators, 61: 893-898.

Zhao X, Tillotson M R, Liu Y, et al. 2017. Index decomposition analysis of urban crop water footprint. Ecological Modelling, 348: 25-32.

Zoumides C, Bruggeman A, Hadjikakou M, et al. 2014. Policy-relevant indicators for semi-arid nations: The water footprint of crop production and supply utilization of Cyprus. Ecological Indicators, 43: 205-214.

索　引